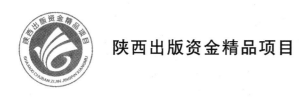

陕西出版资金精品项目

纤维增强地聚合物材料及其动态力学性能

Fiber Reinforced Geopolymeric Material and Its Dynamic Mechanical Properties

许金余　赵德辉　罗　鑫　著

国家自然科学基金(51378497)
陕西省科技发展工业攻关项目(2014K10‒15)
爆炸冲击防灾减灾国家重点实验室开放课题资助(DPMEIKF 201406)

西北工业大学出版社

【内容简介】 本书以矿渣粉煤灰基地聚合物材料为代表,研究了纤维增强地聚合物材料及其动态力学性能。全书共分 9 章,主要内容包括基于响应曲面设计方法建立了矿渣粉煤灰基地聚合物的强度体系,并进行了预测和对比验证;对矿渣粉煤灰基地聚合物进行全面的效益评估;从生产工艺、配合比设计、制备工艺等方面阐述了纤维增强矿渣粉煤灰基地聚合物混凝土的制备技术;对 Φ100mm SHPB 试验技术进行了数值模拟和频谱分析,提出了应力脉冲整形的目标,并基于此,开展了波形整形技术的试验研究,提高了 Φ100mm SHPB 试验精度,确保了试验的有效性;采用玄武岩纤维和碳纤维作为强韧化材料,测试了纤维增强矿渣粉煤灰基地聚合物混凝土的静动力特性,建立了动态本构模型,并通过应用实例进行了对比验证。

本书可供从事建筑材料、防护工程等方向的科研设计人员参考使用,也可供土木工程等专业的高校教师、研究人员、研究生及工程技术人员参考。

图书在版编目(CIP)数据

纤维增强地聚合物材料及其动态力学性能/许金余,赵德辉,罗鑫著 . —西安:西北工业大学出版社,2015.1

ISBN 978 - 7 - 5612 - 4200 - 1

Ⅰ.①纤… Ⅱ.①许… ②赵… ③罗… Ⅲ.①纤维增强复合材料—力学性能 Ⅳ.①TB33

中国版本图书馆 CIP 数据核字(2014)第 276189 号

出版发行:西北工业大学出版社
通信地址:西安市友谊西路 127 号   邮编:710072
电　　话:(029)88493844　88491757
网　　址:www.nwpup.com
印　刷　者:陕西向阳印务有限公司
开　　本:727 mm×960 mm　1/16
印　　张:11.875
字　　数:210 千字
版　　次:2015 年 1 月第 1 版　2015 年 1 月第 1 次印刷
定　　价:40.00 元

前　　言

　　水泥工业在推动国民经济发展的过程中起着举足轻重的作用,但同时带来了高资源消耗、高能源消耗、高污染物排放等问题,亟待研发新型胶凝材料,以有助于资源、能源的合理利用和环境保护。我国工业发展过程中产生了大量的固体废渣,目前固体废渣产生量有增无减,又缺乏对其进行综合治理,致使固体废渣的污染已成为我国的重要环境问题之一,急需探索提高固体废渣利用率的新途径,以变废为宝,促进废渣的循环利用以实现双赢。与此同时,在现代高科技条件下,构筑性能优越的国防工程是主动防御以保存有生力量的有效手段,其中,国防工程材料的应用是关键。因此,研发新型国防工程材料的课题迫在眉睫。

　　矿渣粉煤灰基地聚合物材料的出现给这一切带来了新的变革和希望。但作为一种新型胶凝材料体系,其既有普通硅酸盐水泥类材料无法比拟的优异性能,也存在一些问题。原材料、生产工艺、外部环境等的不确定性导致了与地聚合物材料相关研究结论的不一致性;高温、高湿等特殊养护条件下成型,强度体系建立得不够完备和系统;研究各组分含量变化对强度的影响主要采用"单因素变化法"或者"一维线性模型"。另外,纤维强韧化技术在矿渣粉煤灰基地聚合物材料中的研究尚不多见,尤其是动态力学性能方面的研究更是少之又少。因此,相关方面的课题亟待开展。本书正是笔者深入研究这个课题并总结多年研究成果撰写而成的。

　　本书论述了纤维增强矿渣粉煤灰基地聚合物材料的制备体系和动态力学性能。其主要内容包括基于响应曲面设计方法测试了静态力学性能,建立了矿渣粉煤灰基地聚合物材料的强度体系,并进行了预测和对比验证;从基本情况、经济效益、社会效益、环境效益以及综合评价入手,对纤维增强矿渣粉煤灰基地聚合物进行了全面的效益评估;从地聚合物的生产工艺、地聚合物混凝土的配合比设计、纤维增强地聚合物混凝土的制备工艺三个方面阐述了纤维增强矿渣粉煤灰基地聚合物材料的制备技术;对Φ100mm SHPB试验技术进行了理论研究,提出了应力脉冲整形的目标,并基于此,通过波形整形技术,得到了理想的应力脉冲,保证了试验的有效性;采用玄武岩纤维和碳纤维作为强韧化材料,制备了碳纤维增强地聚合物混凝土和玄武岩纤维增强地聚合物混凝土,测试了其静动力特性并建立了本构模型,进行了对比试验研究。

本书由许金余、赵德辉、罗鑫撰写,由赵国藩院士审校。李为民、苏灏扬、任韦波、王志坤参与了试验研究、数据整理的部分工作,聂良学、朱靖塞等同志参与了部分图表的绘制。在此,谨向帮助完成本书的同志表示衷心的感谢!

由于水平有限,书中难免存在不妥之处,恳切希望专家、同行和读者予以批评指正。

著 者
2014 年 10 月于西安

目　　录

第一章　绪　　论

1.1　研究背景

胶凝材料学科只有紧密结合时代发展形势才能更好地满足需求,从而促进自身的发展。因此,如何结合时代需求,利用自身的优势,在解决矛盾的同时促进该学科的大跨步发展是一个值得深入思考的课题。

据有关资料显示,目前在经济发展系统中胶凝材料的研究面临下述几方面的具体情况。

1.1.1　水泥工业现状

水泥是目前建材市场上最主要的水硬性胶凝材料。水泥工业[1]在推动国民经济发展中起着举足轻重的作用。然而由此产生的高资源消耗、高能源消耗、高污染物排放,已经给我国资源、能源的合理利用和环境保护带来了巨大的压力[2]。

(1)高资源消耗。据调研,生产1 t水泥熟料(约1.43 t水泥)约需0.2 t黏土、0.02 t铁、0.05 t石膏和1.5 t不可再生的石灰石资源。而目前在我国已探明的可用于水泥生产的石灰石矿物储量约为$4.5×10^{10}$ t,可开采利用的量约为$2.5×10^{10}$ t。2009年,我国的水泥产量已经达到$1.5×10^9$ t,假定以后每年水泥需求量约为$1.5×10^9$ t(事实上,需求量是不断增加的),同时石灰石资源仅用于水泥生产,照此速度发展,若不采取必要的措施,十几年之后石灰石资源就要耗尽。

(2)高能源消耗。1 t水泥的生产需要约0.84 t煤炭,约800度电,那么每年将耗煤多达$1.26×10^9$ t,耗电约$1.4×10^{12}$度。

(3)高污染物排放。水泥生产过程中,分解石灰石和燃烧煤炭均排放大量的粉尘和有害气体。具体关系见表1.1。

表1.1　水泥产业消耗与大气负荷

水泥产量/t	粉尘/t	CO_2/t	NO_x/t	SO_2/t
1	0.08	5.25	0.015	0.007

以上问题在我国表现得尤为突出,主要有以下两方面的原因。

(1)我国的矿山开采利用率低下,与国外水平相比,同等储量的石灰石,中国只能用 10 年,而国外却可以用到 21 年以上。

(2)我国传统水泥企业较国外而言,存在两个问题:一是生产规模小、工艺落后、设备陈旧,因而生产效率、技术水平低下;二是生产集中度低。因此,造成了资源利用的浪费和更高的能源消耗。

由此分析,水泥工业的发展前景令人堪忧,其根源在于水泥作为传统的水硬性胶凝材料已慢慢度过其繁盛时期,开始走下坡路。这给我们一个启示:胶凝材料学科需要前进发展,必须进行本质上的变革,开发出新型的胶凝材料,以适应时代发展形势的需求。

1.1.2 工业废渣现状

长期以来,我国经济发展的模式是资源消耗型模式,从而导致产生大量的工业废渣(指工业生产过程中产生的固体废物,素有"放错地方的原料"之称)。随着国民经济的快速发展,工业废渣[3]的产量逐年增加,1999 年约为 7.8×10^8 t,2004 年约为 1.2×10^9 t,而到 2009 年已达到 1.8×10^9 t,同时累计堆存量多达百亿吨,其主要出路是综合利用、贮存、处置,而大部分则排放至自然环境,目前综合利用率仅为 60%。我国固体废渣很少进行无害化处置,导致大量土地被占用,环境严重污染。目前,由于固体废渣产生量有增无减,又缺乏对其综合治理,因而固体废渣污染的控制已成为我国的重要环境问题之一。

在诸多工业固体废渣中,粉煤灰和矿渣占据了绝大部分。

粉煤灰是燃煤电厂与各种燃煤设备排放的一种固体废弃物。据报道,2009 年中国粉煤灰产量已达到 3.75×10^8 t,对粉煤灰的处理,目前我国以灰场贮灰为主要堆存手段,至今累计堆存量已达 1.5×10^9 t,按每万吨粉煤灰需堆场[4] 1.4 km²,需堆场 2.1×10^5 km²。以灰场贮灰每吨粉煤灰需综合处理费 20～40 元,则每年的综合处理费就需 75～150 亿元。而且,煤炭中的有害重金属和放射性物质,在燃烧后以较高浓度留存于粉煤灰中。据 2010 年《煤炭的真实成本——粉煤灰调查报告》中指出,粉煤灰中共测出 20 多种对环境和人体健康有害的重金属、化合物等物质。虽然粉煤灰中重金属等物质的浓度低于某些工业污染,但由于粉煤灰排放量巨大,最终释放到环境中的有害物质总量仍然相当庞大,对地表水质、植被、人畜造成极坏的影响,故粉煤灰的后续管理也需要付出很大的经济代价。

以上问题将随着世界电力需求量不断攀升而变得更加严重,据报道,从 2002 年起整个世界的电力需求一直保持一个稳步上升的趋势,经济发展推动了世界电力的需求。根据美国能源信息署 2006 年的展望,从 2004—2030 年预计全球发电量将增长一倍,从绝对数量来看,未来 20 年中国和美国是最主要的净电力消费增长国家,但在美国,新兴的风力发电和太阳能发电已经占据了一定的市场份额,而在中国,煤电在整个电力中的比例一直保持在 79% 以上的高位。这就导致作为火力发电的必然产物的粉煤灰今后将呈现出爆炸式的增长。

粒化高炉矿渣是将炼铁高炉的熔融矿渣急速冷却而成的松软颗粒。随着我国钢铁工业的发展,高炉矿渣排量日益增多,历年来已经堆积矿渣近 1.5×10^8 t,占地约 1 000 km^2。为了处理这些废渣,国家每年花费巨额资金修筑排渣场和铁路线,浪费了大量人力物力。国外高炉矿渣的综合利用是在 20 世纪中期开始发展起来的。目前,欧美一些发达国家已做到当年排渣,当年用完,全部实现了资源化;而我国高炉矿渣的利用率在 85% 左右,但整体利用水平不高,剩余的仍然继续堆积,不仅占用了大量的农田,阻碍交通、河流,而且还污染毒化土壤、水体和大气,严重影响了生态环境,造成明显或潜在的经济损失和资源浪费。

由此可见,如果能提高工业废渣的利用率,变废为宝,将对多方面产生巨大的变革。一方面,减少了为处理这些工业废渣而引起的人力、财力、物力的耗费;另一方面,又开发了成为其他产品的原料,达到双向节约、互相利用的目的。因此,工业废渣循环利用以实现双赢的局面是值得研究的课题,而其中循环利用技术是问题的关键。

1.1.3 国际经济发展趋势

20 世纪 70 年代以来,全球发展思路与发展战略[5-6]逐步出现了重大转折,即由单纯或片面追求经济增长的发展逐步转变为以人为本的、在环境上和社会上可持续的发展,并提出了一系列的发展期望。

1972 年,在瑞典斯德哥尔摩召开的联合国人类环境大会上,发布了《人类环境宣言》。该宣言强调环境与发展的密切关系,指出为了人民的利益,各国政府有责任将发展同环境的保护与改善协调起来。

1987 年,联合国环境与发展委员会提出了"既满足当代人的需要,又不对后代人满足其需要的能力构成危害的发展"的"可持续发展"的指导原则。

1992 年,在巴西里约热内卢召开的世界首脑会议上,"环境与发展"主题成为人类环境意识发展的一个里程碑,开辟了可持续发展的广阔前景,是人类生态环境意识的一大飞跃。

1997 年,在联合国制定的《发展议程》中提出,"发展是使所有人们过上更高质量生活的一项多维事业。经济发展、社会发展、环境保护,这些都是可持续发展的各个相互依存和相互作用的成分。"

1997 年 12 月，由联合国气候变化框架公约的京都议定书旨在遏制全球气候变暖，并对如何缓解气候变化及如何应对气候变化等问题做出了详细的规定和具有法律强制力的 CO_2 排放目标。

2010 年 11 月 4 日，国际能源署(IEA)、复旦大学能源经济与战略中心以及上海能源学会召开了最新版本《能源技术展望 2010（ETP2010）》的发布会。ETP2010 指出，在能源行业，气候变化的威胁是近年来关注的焦点，需要一场基于低碳技术广泛应用的能源革命来应对气候变化的挑战，并通过与基线(Baseline)情景对比，指出实施 Blue Map 情景的将拥有完全不一样的未来，但这需要世界范围内发电和工业、建筑、交通运输等方面的变革。

2012 年，联合国可持续发展大会集中讨论了两个主题：绿色经济在可持续发展和消除贫穷方面作用，可持续发展的体制框架。

2013 年，全球 CEO 发展大会指出，传统工业模式的负面影响越来越严重，造成了生态破坏和对自然资源的持续消耗，以后的发展必须着眼于可持续和绿色发展。

由此可见，国际上各方面组织均表达了这样一个期望：经济发展必须走可持续和低碳路线。

1.1.4 国内经济发展政策

我国在经济方面制定了一系列的政策和发展策略[7]。1994 年，我国制定了《中国 21 世纪议程》，对社会和经济的可持续发展以及资源的合理利用与保护确定了总的指导思想、发展模式和具体行动纲领。

国家在国民经济和社会发展"十五"计划中指出，重点支持"低污染、节能、节土、利废的多功能新型建筑材料"及"工业废弃物、低品位资源、燃料等综合利用的新途径、新领域的研究开发"的项目研究，同时，在国家建材工业"十五"规划中也提到"从可持续发展和环境保护的高度出发，利用工业废料来生产和发展新型水泥。"

2002 年 6 月 29 日通过的《中华人民共和国清洁生产促进法》明确提出，"提高资源利用效率，减少和避免污染物的产生，保护和改善环境，保障人体健康，促进经济与社会可持续发展"。

2006 年开始实施的国家"十一五"规划提出了发展循环经济、建设资源节约型和环境友好型社会的任务，主要是针对我国在新世纪新阶段的发展中遇到的资源约束和环境污染的矛盾，要用发展的思路和途径来解决。

2007 年，党的十七大报告就提出"建设生态文明，基本形成节约能源资源和保护生态环境的产业结构、增长方式、消费模式"的理念,为可持续发展指明了方向,也使人们更加关注低碳经济的崛起。

国家"十二五"生态文明和可持续发展的课题研究,涉及了绿色发展的内容,包括绿色经济、循环经济和低碳经济等议题,目的是追求我国经济社会发展的可持续性,或者说用尽可能少的资源消耗和尽可能小的环境污染实现我国的工业化和城市化。

《中国低碳经济发展报告2012》蓝皮书中指出,发展低碳经济已经成为中国实现经济可持续发展、应对气候变化的战略选择。

2012年,有关部委组织了"中国能源安全与低碳经济的政策和实践"研究,旨在促进国内与世界的交流与合作,为本国政府提供有效的政策建议,为世界的可持续发展作出贡献。

2012年,党的十八大报告中提出以绿色、循环、低碳发展为核心的生态文明建设。2013年,十八届三中全会进一步提出和深化了生态文明制度建设。

由此可见,我国对经济的循环发展以及与能源、资源、环境间的相互协调表示了迫切期望,并提出了具体要求。

1.1.5　系统解决问题的关键

通过以上分析可知,现如今经济发展的体系中,水泥工业以及电力和钢铁等行业的发展与宏观调控、政策指引下的经济整体发展趋势是相悖的,从哲学角度讲,矛盾的存在是发展、变革的条件,因此亟待提出系统解决问题的方法。

本书将经济发展作为一个系统,而存在的相关问题作为其中的子项,以此来统筹全局,进行系统分析,如图1.1所示。

图1.1中,碱激发胶凝材料(2006年)[8]是指由具有火山灰活性或潜在水硬性的原料与碱性激发剂制备而成的胶凝材料。该胶凝材料的出现表明,在一定的技术条件下,工业废渣可在碱性物质的激发下生成具有胶凝性质的产物。地聚合物材料是碱激发胶凝材料中的一类,是一种由碱激发硅铝质材料而形成的胶凝材料,为能有效地利用矿渣和粉煤灰,以其为主要原料,可制备得到新型胶凝材料——矿渣粉煤灰基地聚合物材料(Slag-Fly ash-based Geopolymeric Materials,SFGMs)。结合图中分析可知,SFGMs的应用既能减少对环境产生的不利影响又能有效地利用工业废渣,同时符合国际经济发展趋势和国家的整体经济发展政策,给矛盾的解决和变革的发生带来了希望,具有广阔的发展前景,值得进行广泛而深入的系统性的研究。

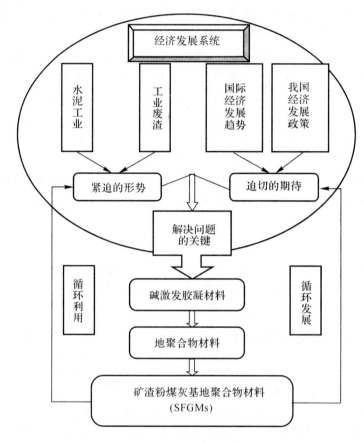

图 1.1　系统分析图

1.2　国内外研究现状

矿渣粉煤灰基地聚合物材料的制备、基本特性及其纤维增强技术,以及动态力学性能的研究均尚处于探索阶段。现在从下述三方面——碱激发胶凝材料、地聚合物材料的强韧化技术、混凝土类材料的动态力学性能研究——系统评述国内外研究现状。

1.2.1　碱激发胶凝材料

碱激发胶凝材料的产生最早可追溯到 1940 年。比利时科学家 Purdon(1940

年)[9]通过试验研究发现,NaOH 在水泥硬化过程中可起到催化作用,于是首次对矿渣、碱及碱性盐组成的胶凝体系进行了广泛的实验室研究,并提出"碱激发"理论。20 世纪 50 年代,苏联[10-12]对碱激发胶凝材料开展了大量的系统研究,成功开发了碱矿渣水泥,并于 60 年代就把这种胶凝材料应用于建筑工业,并提出"碱液反应机理"。20 世纪 70 年代,法国 Joseph Davidovits 教授[13]开发出了地聚合物,随后,又对材料的结构、合成工艺和性能(如机械性能、热性能、抗化学腐蚀性能等)进行了系统的研究。

碱激发胶凝材料由于其具备的优异性能和环保生态等独特之处而激发了全球研究者的极大热情,促进了胶凝材料科学的加速发展。现今,对碱激发胶凝材料的研究主要集中在碱矿渣水泥和地聚合物两大重要分支上。

1.2.1.1 碱矿渣水泥

碱矿渣水泥是以具有潜在活性的工业冶炼废渣为主体,掺加一定量的碱组分配制而成的一类新型胶凝体系的统称,主要原材料为冲天炉渣、镍铁废渣、电热磷酸废渣、铜矿渣、波特兰水泥熔渣、碱激发剂等。现在,从以下几方面阐述研究成果和现状。

(1)活性激发及反应机理。碱矿渣水泥中,活性被激发[14]的主要是 Ca 和 Si,激发主要通过两种方式完成。第一,物理激发[15],即对冶炼废渣进行粉磨,从而使颗粒变细,提高了比表面积,增大了水化反应的界面。在粉磨过程中,强烈的机械冲击、剪切、磨削作用和颗粒间的相互挤压、碰撞作用,促使矿渣玻璃体发生部分解聚,使得颗粒表面和内部产生大量的微裂缝,这样化学激发物质更容易进入玻璃体结构的内部空穴中,促进矿渣的分解和溶解。第二,化学激发,即在冶炼废渣中掺加化学激发物质,促使矿渣中的化学键断裂,发生解聚反应。由此可见,物理激发是基础,为化学激发创造优越的条件。

碱矿渣水泥的化学激发剂[16-17]包括两大类:碱激发和水解呈碱性的盐类激发,主要应用集中在液体水玻璃、NaOH 以及复合碱上。国内外学者[18-21]对反应机理的研究表明,不同的激发剂可能会有不一样的反应机理,而且不同的学者对同一激发剂作用下的反应机理的看法也是不同的。

当采用液体水玻璃激发时,国内学者[13,22-23]认为,水化反应首先从矿渣玻璃体表面开始,表面上的 Ca^{2+},Mg^{2+} 吸附碱介质中的 OH^-,而 O^{2-} 则吸附质子形成氢氧化物和水,使表面结构被破坏,进而玻璃体解体、溶解,最后反应得到 C—S—H 凝胶。水化过程可划分为以下 3 个阶段。

1)水化初期。从加水(碱液)后约 20 min 内,矿渣尚未参与水化反应,主要是水玻璃水解生成 NaOH 和 $Si(OH)_4$。

2)水化早期。水玻璃继续水解,生成更多的 OH^-,它们与矿渣表面作用而使玻璃体解体溶解,C—S—H 凝胶开始形成。这时,从固液反应逐渐转为以扩散控制的固相反应阶段,水泥浆体的比表面积大大增加。

3)水化后期。这是反应的加速和稳定阶段。在此阶段,由于玻璃体表面结构已被完全破坏,OH^- 等离子由表面可以快速扩散到矿渣玻璃体内部,与活性阳离子发生激烈的反应,生成大量的 C—S—H 凝胶。

Zhou Huanhai 等(1993 年)[24]认为,矿渣在水玻璃作用下的水化过程与硅酸盐水泥一样,可根据水泥水化放热曲线,把水化过程分为 5 个阶段:初始水化期、诱导期、加速期、衰退期和缓慢期,而且也可以用相同的假说解释各反应期。Shi Caijian and L. Robert Day(1995 年)[25]在研究了不同碱组分的碱矿渣水泥水化过程中也提出了这个观点。

当采用 NaOH 激发时,P. V. Krivenko(1992 年)[26]研究认为,根据 Na^+ 浓度在浆体溶液中随水化时间变化和水化进程,将其水化反应分为 3 个阶段。

第一阶段:玻璃体中,—Si—O—Si—,—Si—O—Al—受 OH^- 作用而解体,生成过渡化合物—Si—O—。Na^+ 和 OH^- 在这一阶段主要是对生成水化硅酸钙起催化作用。

第二阶段:已经解体的—Si—O—Si—将再度聚合,形成不稳定的五配位 Si 中心离子,根据液相碱度与 SiO_2 的比例形成不同 C/S 比和不同结构的水化物。在 NaOH 作用下,主要形成低碱度的 C—S—H 凝胶和类沸石类矿物,如钠沸石、变针硅钙石及混合碱-铝硅酸盐水化物,这一阶段就是碱金属离子参与反应。

第三阶段:水化形成的固相和胶体微粒形成晶体,同时导致水泥石结构的形成。

当为复合碱组分激发时,李立坤(1994 年)[27]研究了以偏硅酸钠和水玻璃为碱组分的碱矿渣水泥的水化过程。他认为碱矿渣水泥的水化反应包括早期液相中沉淀钙质反应和随后的矿渣玻璃的碱催化水化反应,其可划分为 3 个阶段,过渡期、加速期和衰减期。在过渡期,水分通过初始水化产物层扩散到矿渣表面,只在表面水化,因而水化较缓和;随后反应区逐步向内扩展而增厚,由表面水化扩展为空间水化,参与水化的矿渣量增加,因而呈现"自动催化控制"的水化加速期;当在矿渣表面出现完全水化层时,矿渣水化进入减速期,并随着矿渣的大量水化,反应区便进入矿渣内部,导致水分扩散阻力的增长,逐渐控制了矿渣水化反应的速度,使其水化进入衰减期。

(2)反应产物。碱矿渣水泥反应产物的研究结果一直难有定论。

T. Kutti(1992 年)[28]认为碱激发矿渣水化产物主要有两种,一种是类似于硅酸盐水泥水化所形成的 C—S—H 凝胶,其 C/S 较低;另一种是富硅的凝胶体。

吴承宁等(1993 年)[29]通过对碱激发矿渣胶凝材料的研究,认为其水化产物主要为隐晶质,如托勃莫来石型的低钙硅比水化硅酸钙,次要水化产物为黄长石或者沸石。

钟白茜和杨南如(1994 年)[30]对水玻璃激发矿渣水化产物进行了 DTA 分析,他们认为其水化产物主要是 C—S—H 凝胶。

徐彬和蒲心诚等(1997 年)[31]通过 XRD,DTA,IR 等测试手段对固态碱组分矿渣水泥的水化产物进行了大量研究。他们认为固态碱组分矿渣水泥的主要水化产物是沸石类矿物。其类型主要有四类,即板状自形的片沸石类矿物、杆状或柱状的钙沸石类矿物、立方体形的杆沸石类矿物以及无定形凝胶状的且化学组成上近似于片沸石的沸石类矿物。C—S—H 凝胶是次要水化产物,其形成主要在水化 24h 以前,在此之后数量不再增长。

Richardson 等(2000 年)[32]认为矿渣玻璃体结构被碱破坏后再重新固化,水合硅酸钙是主要的最终产物,硅和钙是其主要组分,还生成水合铝硅酸钙凝胶、铝酸钙产物。

由上述可知,大多数研究者均认为,在液体碱组分的激发作用下,最终的水化产物与硅酸盐水泥有点相似,为 C/S 较低的低聚度的凝胶体,但水化产物中几乎没有 $Ca(OH)_2$[33],而且水化过程与硅酸盐水泥存在本质的区别;在固态碱组分的激发作用下,主要为沸石类矿物。

(3)理化性能。碱矿渣水泥具备一些优异的性能。例如,早强[34],快凝快硬[35],固化重金属离子[36,37],但表现尤为突出的是耐久性[38]方面。

1)抗渗性高。水泥石的抗渗性主要取决于毛细孔的数量。毛细孔的数量低,水泥石的抗渗性就好,碱矿渣水泥的硬化浆体总隙率仅为 17.50%。研究表明[39-40],碱矿渣混凝土的抗渗性标号在 B35~B40 以上,大大超过了普通硅酸盐水泥的抗渗标号 B2~B12。

2)抗冻性好[41]。碱矿渣水泥的抗渗性能高,水分及其他有害介质无法进入水泥石的内部,引起侵蚀,冰冻等破坏作用。研究发现,碱矿渣混凝土的抗冻指标可达 300~1 000 次冻融循环[40],而普通水泥混凝土一般在 300 次以内。

3)抗侵蚀性能优。碱矿渣水泥在海水中放置一年,强度仍然很高;在浓度为 2% 的 $MgSO_4$ 溶液中浸泡,强度保持不变;在稀酸溶液中,具有良好的稳定性[39],强度不但没有降低,反而有所提高。

(4)存在的问题。在生产和应用的过程中,发现碱矿渣水泥存在以下几方面的问题,制约其发展。

1)凝结速度过快。当用碱性矿渣和碱金属氢氧化物,特别是和碱金属硅酸盐制作高标号水泥时,凝结时间很短。碱组分用量越多,凝结时间越短,初凝时间一般只有5~15 min,而且初凝与终凝的间隔也很短,一般只有2~7 min,极难控制与调整[42-43]。尽管目前对此进行了一定的研究,但尚未得到统一认可的缓凝措施。碱矿渣水泥要像硅酸盐水泥一样推广应用,就必须将其凝结时间控制在一个合理的范围内。

2)生产成本高。碱激发剂一般采用碱金属氢氧化物和硅酸盐制备而成,但碱金属氢氧化物和硅酸盐价格相对较贵,必须找到来源广泛又廉价的碱组分,研制和开发无机、有机复合激发剂制备的新型低成本的碱矿渣水泥,使其在价格上比普通水泥占优势。

3)碱矿渣水泥的碱含量高。一般来说,碱矿渣水泥的碱含量以 Na_2O 当量计一般都在3%以上,大大超过了普通硅酸盐水泥中碱含量不大于0.6%的规定。当混凝土中存在活性骨料时,它是否会引起碱骨料反应,要看碱矿渣水泥水化后 Na^+ 的存在形式,如果 Na^+ 进入难溶的沸石类矿物,则碱骨料反应将不会发生;反之,如果 Na^+ 不参与反应,遗留于液相中或以 NaOH 存在时,则有可能发生碱骨料反应。另外,碱骨料反应的破坏是一个长期的过程,加速碱骨料反应试验并不能准确地反映实际情况。因此,碱矿渣水泥及其混凝土的碱骨料反应问题尚需进一步深入研究[44]。

4)耐高温性能需进一步研究。碱矿渣水泥在液体碱组分的激发作用下,主要的水化产物为C—S—H凝胶,而C—S—H凝胶是一种热不稳定矿物,当温度升高到200~300℃时,一部分结合水开始脱除,当温度达到400℃时,结合水大量脱除[45],导致碱矿渣水泥结构解体,强度急剧下降,最终瓦解破坏,所以液体碱组分激发的碱矿渣水泥是一种不耐高温的材料,但在固态碱组分[32]的激发作用下,主要水化产物为沸石类矿物,其高温性能有待研究。

5)收缩较大。碱矿渣水泥的收缩值明显大于硅酸盐水泥[46-48],其收缩不仅与激发剂的性质有关,而且还与矿渣微粉的性质、细度、水胶比以及养护条件等有关。

6)表面泛霜。碱矿渣水泥因为毛细孔中碱浓度较高,在形成水化物之前,碱容易随水分蒸发而在表面析出,并与空气中的 CO_2 反应,在表面形成一层"白霜",称为"表面泛霜"。表面泛霜不仅降低外观质量,而且会影响界面黏结强度和耐久性。有试验表明,在95%的相对湿度下对碱矿渣水泥加速养护,可以减少表面泛霜现象,但在实际工程中很难做到。

1.2.1.2 地聚合物

地聚合物由 J. Davidovit[49] 于1982年发明,其主要原材料是偏高岭土、火山灰、粉煤灰、火山浮石、硅灰、硅灰石粉、珍珠岩、玄武岩。值得一提的是,1987 年,美国宾州大学教授 D. M. Roy[50] 在 *Science* 杂志上发表了题为 *New strong cement materials：chemically bonded ceramics* 的文章,引发了世界各国研究地聚合物材料的热潮。

(1) 反应机理及反应产物。地聚合物中,活性被激发[13]的主要是 Al,Si。目前,国内外对地聚合物反应机理的解释基本上都是以碱激发机理为基本理论,但具体到某一体系时,又会存在不一样的反应历程。尤其随着研究的深入,碱激发剂和硅铝质材料的范围也在不断地拓展,地聚合物的品种也在不断增加,各学者依据碱激发种类的不同分别提出不同的反应机理,目前主要存在以下几种。

当采用 NaOH 和 KOH 激发时,法国科学家 J Davidovits(1988 年)[51]认为,玻璃体结构中的—Si—O—Al—链在高碱性溶液中解聚生成 $[SiO_4]^{4-}$,$[AlO_4]^{4-}$两类四面体,进而又在高碱环境下发生缩聚反应,生成新的—Si—O—Al—O—的三维网状结构的无机高聚物。根据反应产物中硅铝比(Si/Al)之间的比例关系,可将地聚合物分为 3 种类型,分别为 PS 型(—Si—O—Al—),PSS 型(—Si—O—Al—O—Si—O—Si—),PSDS 型(—Si—O—Al—O—Si—)。基于此,可将地聚合物的分子式表达为 $Mn\{—(SiO_2)_z—AlO_2—\}_n \cdot mH_2O$。式中,$z$ 为 1,2 或 3;M 为碱金属离子(K^+,Na^+ 等);n 为聚合度;m 为结合水量。

当采用液体硅酸钠激发时,曹德光(2005 年)[52]认为,硅酸钠溶液低聚合状态的硅氧四面体基团与偏高岭石中的活性铝氧层之间发生了化合反应,即低聚合度的硅氧四面体基团与偏高岭土的铝氧层发生了"键合反应"。这里的低聚度硅氧四面体基团起到一种"胶连"的键合作用,将偏高岭土颗粒"粘连"在一起,形成一种网络状的三维空间结构产物。段瑜芳(2006 年)[53]认为,低聚合硅酸钠溶液激发偏高岭土胶凝材料的水化同样可以分为初始期、诱导期、加速期、减速期以及稳定期。但是,各水化阶段的反应机理与传统的水泥基材料完全不同。初始期主要是偏高岭土对溶液组分的表面吸附;诱导期主要表现为活性硅铝氧化物的溶解;加速期表现为四面体基团的聚合;减速期水化速度降低的主要原因是扩散阻力增大,同时偏高岭土反应面积减小,液相中的碱含量降低也是重要的原因。

当采用氢氧化钠和水玻璃复合碱组分时,聂轶苗(2006 年)[54]认为,铝硅酸盐玻璃相在强碱的作用下首先发生溶解,其中部分 Si—O—,Al—O—发生断裂;断裂之后的 Si,Al 组分在碱金属离子 Na^+,OH^- 等作用下形成 Si,Al 低聚体,而后随着溶液组成和各种离子浓度的变化,这些低聚体又形成凝胶状的类沸石前驱体;最后前驱体脱水得到非晶相物质。

对比来看,尽管不同的反应机理存在共同点,即地聚合物通过缩聚反应生成三维氧化物网络结构[55-60]，与硅酸盐水泥胶凝材料的 CSH，CH 等无机小分子结构组成的硬化体和碱矿渣水泥水化产物有着本质的区别。

（2）理化性能。地聚合物由于具有特殊的无机缩聚三维氧化物网络结构，它在众多方面具有比碱矿渣水泥、陶瓷、水泥和金属等材料更好的优异性能，这也是其一直备受关注的重要原因。

地聚合物主要有下述优点。

1）密度低，重量轻。由于生产地聚合物材料的原料密度较低，例如粉煤灰的松散容重为 1 000 kg/m³ 左右，所以其密度较低，比普通硅酸盐水泥小。粉煤灰地聚合物材料的密度只有 1 500 ～ 1 650 kg/m³[61]，小于硅酸盐水泥的约 3 140 kg/m³[62-63] 的密度。R. Cioffi 等（2003 年）[64] 测得地聚合物材料的密度为 1 200～1 600 kg/m³。S. Andini 等（2007 年）[65] 利用粉煤灰生产的地聚合物材料的表观密度为 1 550～1 740 kg/m³。

2）体积稳定性优良。Davidovits 曾指出地聚合物材料的体积稳定性较好，收缩值较小[66-67]，其 7d 龄期线收缩率只有普通水泥的 1/5～1/7，28d 线收缩率只有硅酸盐水泥的 1/8～1/9[68]。代新祥（2002 年）[69] 对地聚合物材料的干缩性能进行了研究，认为地聚合物材料有较好的体积稳定性，其干缩值可以控制在 0.1% 以下，且地聚合物材料的干缩增长率随龄期的增加而降低，在后期低于普通硅酸盐水泥。

3）耐高温性能优良[70-71]。地聚合物材料与硅酸盐水泥相比具有极好的高温体积稳定性，其 400℃ 以下的线收缩率为 0.2%～1%，800℃ 以下的线收缩率为 0.2%～2%，可以保持 60% 以上的原始强度[72]。F. F. Valeria 等（2003 年）[73] 的研究结果表明地聚合物材料在升温过程中，铝硅氧四面体三维结构始终保持无定形结构，在 1 200～1 300℃，开始有莫来石和刚玉晶体析出，到 1 300℃ 时，地聚合物材料开始熔解，显示出良好的耐高温性能，作为建筑结构材料，可满足防火阻燃的消防要求。

4）耐久性优良。张云升等（2003 年）[74] 对粉煤灰地聚合物材料混凝土的氯离子渗透系数进行了测定，结果为 1.582×10^{-8} cm²/s，比同强度等级的硅酸盐混凝土的 4.16×10^{-8} cm²/s 小很多，同时他们[75] 还对粉煤灰地聚合物材料的抗冻融性能进行了研究，发现地聚合物抗冻融性能优于同等级强度的硅酸盐混凝土2.2倍。J. M. Miranda 等（2005 年）[76] 研究了在 Cl⁻ 环境中地聚合物材料对钢筋的保护作用，发现地聚合物材料同硅酸盐水泥一样，能有效地在钢筋表面形成钝化膜，防止钢筋遭受侵蚀。T. Bakharev（2005 年）[77] 对地聚合物材料耐硫酸盐、镁盐的侵蚀能力进行了研究，发现地聚合物材料的耐盐溶液侵蚀与地聚合物材料的种类和盐溶液有关。实验得出,由 NaOH 激发的地聚合物材料具有最佳的抗盐侵蚀性能,提高养护温度对增强其耐酸性有利。

（3）存在的问题。地聚合物的优异性能在试验研究中已经体现,但应用、推广还存在以下几方面的问题。

1）原材料品种过少。合成强度较高的地聚合物材料,往往使用偏高岭土或类似的高活性物质以形成缺陷较少的网络结构。这样一方面需要消耗高岭土等矿物资源,另一方面需将高岭土等原材料在一定温度下锻烧成具有较高活性的偏高岭土,通常温度要达到 700～800℃,这必然需要消耗一定的能量。同时,现在实验室利用的基本上都为高品位的高岭土,对于低品位高岭土资源的综合利用问题还未得到有效的解决。因此,有必要对原材料品种进行扩充,并保证最佳的活性激发状态。

2）常温条件下制备的问题仍未解决。从国内外目前的研究成果来看,在常温状态下,地聚合物材料的 SiO_2,Al_2O_3 溶解比较少且不容易激活,—Si—O—Al—键的聚合度比较低,材料的最终强度比较低,难以达到工程实践的要求。因此,目前普遍采用蒸养技术来提高材料的强度。但是蒸养技术一方面使工艺复杂化,另一方面又消耗了大量的燃料,使得产品成本比较高。

3）基础研究不够成熟。在反应控制条件研究还未能给出令人满意的答案时,不同研究者给出的结论是不一致的,达不到统一的标准。地聚合物的研究时间相对较短,尚缺少包括体积稳定性在内的长期耐久性数据,同时也缺少相应的标准和规范,因此对其产品的组成配比、技术指标及施工方法等没有详细的指导。对于采用工业废渣作为原材料而言,由于化学组成、微观结构和活性成分波动很大,很难得到性能稳定的胶凝材料。另外,地聚合物混凝土拌合物和易性较差,且对硅酸盐水泥具有良好减水作用的减水剂往往对地聚合物无效,相关研究还不够系统和深入。

4）影响因素间相互作用关系研究不够。由于影响地聚合物性能的因素很多,各因素对性能的影响规律虽已有一些研究成果,但哪一种因素起主要作用,各因素之间有怎样的相互影响不是很清楚,更没有建立数学模型。特别是原材料的技术性质、激发剂种类和用量对地聚合物结构和性能的影响规律、机理及其定量表征等,均需进一步展开系统而深入的研究。

1.2.1.3 粉煤灰基地聚合物材料

粉煤灰是亟待处理的工业废渣,自 1998 年以后,开始将粉煤灰应用于生产地聚合物。但由于其活性较低,较矿渣、偏高岭土的研究相对较少,而且就目前的研究现状来说,主要方式是和其他高活性物质进行复合掺加应用。

A. Palomo 和 M. W. Grutzeck 等(1998 年)[78]研究了碱激活法制备粉煤灰地聚水泥中,激活剂种类、激活剂溶液与粉煤灰的比值及养护温度、时间等因素与抗压强度之间的关系。

澳大利亚墨尔本大学的 Jaarsveld 等(1997—2002 年)[79-80]对粉煤灰和高岭土合成的地聚合物的性能(影响因素、强度发展特性、微观结构等方面)进行了大量的试验和研究。

J. W. Phair 等(2002 年)[81]通过 X 射线衍射分析(XRD)、扫描电子显微镜(SEM)、FTIR、NMR 以及离子溶出试验等手段研究了钾水玻璃与钠水玻璃作为激发剂激发粉煤灰的效果。

J. C. Swanepoel 等(2002 年)[82]利用粉煤灰和高岭土等做为主要原料来制备地聚水泥。其中,粉煤灰的掺量为 60%,在 60℃下养护 48h 得到 7d 抗压强度为 5.6 MPa 左右,28 h 抗压强度为 7.20 MPa 左右,强度较低。

W. K. W. Lee 等(2002 年)[83]研究了 F 级粉煤灰的溶出率及溶出固体的组成与性质,随后合成的地聚合物 7d 抗压强度为 20 MPa。他们还研究了利用粉煤灰和高岭土为主要原料合成地聚合物,发现在碱激活溶液中碱过多或加入氯盐时会对强度产生有害影响,而碳酸盐的加入则会提高其强度[84]。

P. V. Krivenko 和 G. Yu. Kovalchuk(2002 年)[85]指出,与粉煤灰相比较,利用高岭土或偏高岭土生产地聚水泥最大的缺点就是高能耗,而利用粉煤灰生产地聚水泥需水量少,具有较高的抗热性能等多方面的优越性。

Hua Xu, Jannie S. J, Van Deventer(2002 年)[86]研究了粉煤灰、高岭土和 albite 3 种矿物的溶出率及它们作为原料合成地聚合物实验,发现当 3 种矿物之比为 4∶2∶1 时,最高抗压强度为 45.8 MPa,粉煤灰仅作为掺合料。

J. G. S. Van Jaarsvel 等(2003 年)[87]研究了不同类型粉煤灰的溶出率试验,并分析了溶出固体的性质及影响合成聚合物性能的各种因素,发现合成时的水灰比和粉煤灰中钙的含量高低对合成产物的抗压强度影响明显。

沙建芳等(2004 年)[88]研究了不同掺量比的偏高岭土和粉煤灰制备地聚水泥的技术,其中,粉煤灰的掺量最高达到 70%时,产生的抗压强度和抗折强度分别为 19.1 MPa 和 2.56 MPa,强度较低;在粉煤灰掺量为 30%时,产生的抗压强度和抗折强度分别为 23.4 MPa 和 4.60 MPa,相对该实验粉煤灰不同掺量来说强度最高,但粉煤灰的掺量较少。

Fernandez 等(2005 年)[89]通过 SEM 对粉煤灰地聚合反应各个时期进行了观测,给出了粉煤灰受到碱激发的描述性机理模型。该模型包括溶解、扩散、胶体生成与沉积,能从表观上解释粉煤灰与碱激发剂的反应过程,但仅仅是定性的描述,而通过该模型不能对粉煤灰地聚合反应进行量化解释。

侯云芬等(2009 年)[90]以粉煤灰作为原材料,研究粉煤灰基矿物聚合物的制备技术,并优化了激发剂溶液的组成、养护温度及养护方式。

贾屹海等(2009 年)[91]研究了水量、碱量、水玻璃量和矿渣对粉煤灰(FA)地聚合物凝结时间的影响。用扫描电子显微镜(SEM)对样品微观形貌进行了表征,用核磁共振(29SiNMR)对激发剂的结构进行了表征。

陈俊静等(2010 年)[92]以粉煤灰、偏高岭土为主要铝硅原料,辅以矿山尾矿固体废弃物合成一系列的矿质聚合物。通过测定其抗压强度优选出偏高岭土、粉煤灰、矿渣的最佳配比为 3:3:5,碱激发剂浓度在 15% 时,矿质聚合物的强度最高,达到 36.36MPa。XRD,SEM 分析表明其结构主要是无定形态,并且形成了连续的胶凝相。

饶绍建等(2010 年)[93]以低钙粉煤灰为硅铝原料,NaOH 和钠水玻璃为激发剂,粉煤灰和 NaOH 混合后加水玻璃并在不同温度下养护 6h,12h 和 18h 制备地聚合物。结果表明,在较低温度下,只有经较长时间养护才能获得具有较高抗压强度的地聚合物;而在较高温度下,可以在较短时间内获得较高抗压强度。

郭晓潞等(2011 年)[94]研究了粉煤灰在碱性激发剂作用下,硅、铝、钙的溶出聚合机理,并研究了生成的粉煤灰地聚合物的抗压强度、微观结构和形貌特征。

施惠生等(2013 年)[95]针对粉煤灰基地聚合物反应机理综述了国内外的研究现状。他们介绍了 Glukhovsky 模型、受碱激发的描述性机理模型、纳米结构模型以及体积分数量化模型,并重点介绍了碱、硅铝组分、钙组分和水在地聚合反应中的作用。

粉煤灰基地聚合物的主要问题在于强度较低,即使得到强度符合要求也是在特殊养护条件下完成的,这对应用来说是一个难以突破的限制。

1.2.1.4 矿渣粉煤灰基地聚合物材料

碱矿渣水泥和地聚合物材料属于碱激发胶凝材料,既有共同的优异特性,但也各有千秋,能否把这两类材料组合,实现它们性能上的取长补短、扬长避短,越来越受到许多研究者的关注。有研究表明,复合胶凝材料具有比碱矿渣水泥和地聚合物材料更为优越的性能。

碱矿渣粉煤灰基胶凝体系[96]的产生基于"互补效应"和可持续发展等理念,对该种新型的胶凝体系的研究起步较晚,研究的也不够深入。

Tang(1994 年)[97]应用正交设计法研究了矿渣/粉煤灰比、水灰比、水玻璃和 NaOH 用量对矿渣-粉煤灰胶凝体系的影响,结果表明,这些因素对强度的影响大小依次为矿渣/粉煤灰比、水灰比、水玻璃用量和 NaOH 用量。

卢森堡专利 LU－A－31148 公开了一种粉煤灰和磨细矿渣制造胶凝材料的方法。矿渣与粉煤灰的质量比为 65∶35,可加入 5%～10% 的外加剂,如硫酸钙、氯化钙、碱金属盐类,具有良好的强度发展性能。

马保国等(2001 年)[98]开发了固体碱激发矿渣-高钙粉煤灰胶凝材料,制备出了 325♯～525♯ 产品,并对水化机理进行了研究。

叶群山等(2004 年)[99]通过优化组分设计和添加剂的使用,制备了一种高掺量矿渣粉煤灰复合胶凝体系,并研究了物料粉磨方式、石膏品种及掺量、混合材料的掺量及比例对复合胶凝体系强度的影响。

岳瑜(2005 年)[100]以氢氧化钠激发矿渣和粉煤灰,在不用熟料的情况下,研究了碱激发矿渣-粉煤灰混凝土的工作性能、凝结时间及粉煤灰细度和矿渣－粉煤灰的比例对混凝土强度的影响。

中国专利 CN200610089275.2 公开了一种高活性碱矿渣粉煤灰无机聚合物胶凝材料及制备方法,它是由氢氧化钠、氢氧化钙、碳酸钠的碱混合物,加入磨细矿渣、磨细粉煤灰和水搅拌混合制成浆体,将其经高压水热反应后,再加入硫酸钠、沸石粉和铝矾石,经过粉碎、磨细后进行高温煅烧、快速冷却、粉碎、磨细制成。

刘光焰(2008 年)[101]通过对碱-矿渣-粉煤灰混凝土的研制及其性能的研究,成功地利用水玻璃作为激发剂,制备出溶胶比很大(达到 0.6)时,强度达到近 60 MPa 的高强碱-矿渣-粉煤灰混凝土。

尚建丽等(2011 年)[102]以矿渣、粉煤灰为原料,以硅酸钠和氢氧化钠为激发剂,制备了矿渣-粉煤灰基地聚合物,测试了不同配合比下矿渣-粉煤灰基地聚合物的 7 d,14 d 和 28 d 的抗压强度。

许金余等(2013 年)[103]采用矿渣和粉煤灰为原料,制备了矿渣粉煤灰基地聚合物混凝土,通过超声波检测及抗压强度试验,研究了不同温度、不同冷却方式下矿渣粉煤灰基地聚合物混凝土的质量损失及力学、声学特性变化规律。

从这些国内外的研究成果来看,研究的方向主要侧重制备和强度性能等方面,在活性激发特性[104]、强度体系、高性能(包括高工作性、高耐久性等)和动态力学性能[105]等方面的研究很少,有待进一步的研究。就目前来看,研究前景广阔。

1.2.2 地聚合物材料的强韧化技术

20 世纪 90 年代,国际上出现了有关地聚合物的强韧化技术的研究,系统的研究则始于 21 世纪初,相关的研究成果并不多见。目前,主要的研究机构有法国地聚合物协会、西班牙 Eduardo Torroja 协会、美国新泽西州大学、东南大学以及香港科技大学,取得了下述针对性的研究成果。

（1）国外。法国地聚合物协会的 J. Davidovits 采用玻璃纤维、碳纤维以及碳化硅纤维增强地聚合物，抗弯强度分别达到 140,175,210 MPa,还通过添加非晶态金属纤维制造核废料容器。在 1994—1995 年的国际汽车大奖赛期间,Benetton-Renault 一级方程式赛车采用了一种独特的由碳纤维增强地聚合物基复合材料制造的隔热护罩,护罩被安全安装在排气区域周围,个别地方还取代了钛,在一级方程式车队的汽车上,它们成功地经受住了高温下剧烈振动的考验[106]。

西班牙 Eduardo Torroja 协会的 F. Puertas 在纤维增强地聚合物砂浆方面做了一些工作。2000 年,Puertas 等研究了丙烯酸纤维与聚丙烯纤维对地聚合物砂浆韧性与抗冲击性能的影响。结果表明,当纤维体积掺量为 1% 时,材料的力学性能显著提高;在改善材料抗冲击性能的效果方面,聚丙烯纤维优于丙烯酸纤维[107]。2003 年,他们在之前的研究基础上进一步研究了聚丙烯纤维增强地聚合物砂浆的力学性能与耐久性,包括抗折、抗压强度、收缩性、冻融循环、干湿循环等。结果表明,聚丙烯纤维的掺入提高了地聚合物砂浆的耐久性,纤维分布与基体本身的物理特征共同决定了复合材料的强度发展[108]。

美国新泽西州大学教授 P. Balaguru 近些年一直从事地聚合物基复合材料强韧化及高温稳定性方面的研究。他的学生 Giancaspro(2004 年)[109] 将地聚合物应用于飞行器与舰艇的轻质复合材料及夹层结构,采用碳纤维与 E－玻纤作为其增强材料,并对材料的耐火性及准静态力学性能进行研究。结果表明,纤维增强地聚合物基复合材料可用于制造高强、高韧、耐火的结构构件。随后,在 Balaguru 教授的指导下,Zhao 等(2007 年)[110] 为了避免地聚合物在火焰或高温条件下发生脆性破坏,采用了在地聚合物基体中布置不锈钢网的方法以提高材料的韧性,并测试了地聚合物-不锈钢网复合材料的弯折性能。结果表明,试验过程中,复合材料的破坏表现出一定的延性,且屈服强度远远高出基体的抗折强度;火焰或高温后的复合材料仍具备良好的韧性。

此外,巴西学者 Dias 等(2005 年)[111] 研究了玄武岩纤维掺量对地聚合物混凝土断裂韧度的影响,并与玄武岩纤维增强硅酸盐水泥混凝土的试验结果进行对比。结果表明,玄武岩纤维可以更加有效地改善地聚合物混凝土的断裂性能。

（2）国内。香港科技大学 Li(李宗津)等(2005 年)[112] 研究了 PVA 纤维增强偏高岭土与粉煤灰地聚合物基复合材料的准静态弯折性能及粉煤灰掺量对其的影响。结果表明,PVA 纤维可大幅提高地聚合物基复合材料的韧性;粉煤灰掺量越小,复合材料的弯折性能越好。

在孙伟院士的带领下,东南大学的张云升等[113] 对地聚合物的强韧化技术进行了一系列的研究。2008 年[114],以偏高岭土与粉煤灰为原材料制备地聚合物,并研究了聚乙烯醇(polyvinyl alcohol，PVA)纤维增强地聚合物复合材料的抗冻性、抗强酸侵蚀性以及低速冲击性能。2009年[115]，首先通过挤压成型技术制备出宽厚比为12.5的聚乙烯醇(PVA)短纤维增强地聚合物基复合材料薄板(SFRGC)，然后利用Radmana冲击试验机系统研究了不同纤维体积分数和粉煤灰掺量的SFRGC在高速冲击载荷作用下的力学响应行为。通过激光粒度仪(LSA)、X射线衍射(XRD)、扫描电镜(SEM)等微观测试手段，分析了SFRGC的微观结构和冲击破坏机制。

许金余等(2010)[116]制备了玄武岩纤维与碳纤维增强地聚合物混凝土，并对其在10～100 s^{-1}范围内的动态力学性能进行了比较分析。结果表明，作为地聚合物混凝土的增强材料，玄武岩纤维与碳纤维各有优势，但就改善地聚合物混凝土的强度与能量吸收特性的效果而言，碳纤维总体上优于玄武岩纤维。

诸华军等(2011年)[117]在偏高岭土-矿渣基地聚合物中加入纤维，改善地聚合物的韧性。

李相国(2013年)[118]研究了不同纤维参数对偏高岭土基地聚合物开裂性能的影响。研究表明，碳纤维的抗裂性能优于耐碱玻璃纤维、矿物纤维和聚丙烯纤维;截面形状为三叶形的聚丙烯纤维抗裂性能优于截面形状为三角形和圆形的纤维。

1.2.3　混凝土类材料的动态力学性能

混凝土类材料力学性能的系统研究先后经历了3个阶段。20世纪70年代，准静态力学性能研究[119];20世纪80年代，采用液压伺服设备(或落锤装置)进行材料低应变率力学性能研究[120];20世纪90年代，采用分离式霍普金森压杆(Split Hopkinson Pressure Bar，SHPB)等高压气动装置进行材料高应变率力学性能的研究[121]。

材料动力学问题分类及试验研究方法[122]，如图1.2所示。作为其中之一的SHPB试验技术，在这半个多世纪的时间里，得到了大力的发展，测试材料的种类已由金属发展到非金属、由韧性材料到脆性材料。特别是，近年来由于国防与特殊民用工程的需要，SHPB试验研究已扩展到了混凝土等非匀质材料领域。但混凝土是一种结构复杂的水泥基复合材料，它是由胶凝材料、砂、石子与水按照一定的配比，混合搅拌经养护凝结而成的，其中的粗骨料尺寸很大。为使混凝土试件达到统计上的均质性，以取得符合工程实际的有代表性的试验结果，通常认为试件的最小尺寸至少为最大骨料尺寸的5～6倍[123]，而且由于骨料周围及整个材料内部布满了大量不规则的微孔隙、微孔洞等缺陷，为避免试验数据的离散性，混凝土试件尺寸也必须足够大,相应地用作冲击试验的 SHPB 直径也要足够的大。目前,笔者等人采用国内最大直径的Φ100 mm SHPB 装置,对纤维混凝土材料展开了一系列的试验研究,并就材料冲击力学行为的应变率效应及本构描述进行了深入分析。

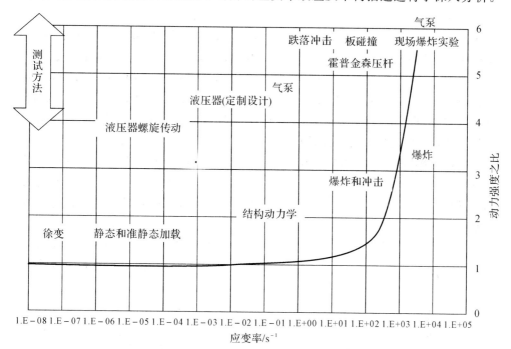

图 1.2　动力学问题分类及试验方法[100]

(1)国外。Klepaczko 等(2000 年)[124]用混凝土长杆作试件,通过 Hopkinson 压杆把压缩波传入试件,再利用基于卸载反射波相互作用所致的层裂现象,研究了混凝土的冲击拉伸响应,分别测得了干混凝土和湿混凝土的冲击拉伸破坏应力及其应变率相关性,提出了一个积累破坏准则。

Zhou(2000 年)[125]研究了水泥砂浆在冲击载荷作用下的动态破坏特性,用激光干涉仪(VISAR)和聚偏氟乙烯 PVDF 应力计测量了冲击试样在不同位置处的拉伸和剪切应力,发现冲击速率达到门槛速率值后才会破坏。这个破坏是随着加载波的到达而开始并逐渐发展的,不存在如玻璃冲击试验所观察到的所谓"破坏波(failure wave)"现象。

Lok 等(2004 年)[126]采用 Φ75 mm SHPB 装置,研究了钢纤维混凝土在 20～100 s^{-1}的应变率范围内的动态抗压强度和韧性。此外,还提出了 SHPB 装置的恒应变率加载方法,强调指出一个特定形状的射弹只能对应一个最佳的近似恒定应变率值。

国外在 SHPB 试验技术方面的工作,主要集中于波形整形技术的改进与数据的规范化处理。

Frew 等(2002 年)[127]以陶瓷材料为例,针对波形整形技术在脆性材料 SHPB 试验中的应用展开了理论与试验研究,给出了应力均匀与恒应变率加载方法。

Gama 等(2004 年)[128]评述了 B. Hopkinson,R. M. Davies 以及 H. Kolsky 的经典论述,讨论了一维 Hopkinson 杆理论中假设的有效性和适用性,介绍了 SHPB 试验的程序,即杆的调试、试件设计、脉冲整形以及数据分析。此外,还给出了 SHPB 试验操作规程和试验数据处理方法。

Lee 等(2006 年)[129]研究了相同直径、不同厚度的波形整形器对入射波上升沿升时的影响。结果表明,整形器的厚度越小,入射脉冲上升沿的升时越长,越有利于试件中的应力均匀,且一个几何尺寸的波形整形器只能对应一个最佳恒应变率。

Forrestal 等(2007 年)[130]研究了弹性试件 SHPB 试验的弥散效应,指出数值分析可帮助修正 Hopkinson 压杆的弥散效应,以获得更加准确的材料动态力学性能。

(2)国内。胡时胜等(2002 年)[131]采用改装的 $\Phi74$ mm 的直锥变截面式 SHPB 对混凝土材料进行冲击压缩试验,系统研究了混凝土的应变率硬化效应。采用"损伤冻结"法对混凝土材料在冲击荷载下的损伤软化效应进行了系统研究,给出了冲击载荷下混凝土的损伤演化方程,并在对数据进行合理分析的基础上,结合朱-王-唐(ZWT)黏弹性本构方程,得到了混凝土材料的损伤型线性黏弹性本构模型。

巫绪涛等(2005 年)[132]采用 $\Phi100$ mm SHPB 装置获得了钢纤维高强混凝土冲击压缩应力-应变曲线。

Wang(王志良)等(2007 年)[133]采用 $\Phi74$ mm SHPB 装置,对钢纤维体积掺量分别为 0.0%,3.0%,6.0% 的钢纤维混凝土进行冲击压缩试验,建立了不同钢纤维体积掺量、不同应变率下的钢纤维混凝土动态本构模型,理论值与试验值吻合较好。

贾彬等(2009 年)[134]采用微波炉与 SHPB 试验装置进行了高温、冲击载荷下的混凝土动态力学特性的试验;在试验结果的基础上,探讨温度和应变率对混凝土的综合影响;建立了混凝土材料强度与温度和应变率之间的关系并分析其力学机理。

任兴涛等（2011 年）[135]利用 Φ74 mm SHPB 实验装置对钢纤维活性粉末混凝土（RPC）进行动态压缩实验和动态劈裂拉伸实验，获得了钢纤维 RPC 在 1～100 s⁻¹应变率加载下的动态力学参数，并对试件内的动态应力分布进行数值模拟，验证了动态实验的有效性。

胡俊等（2011 年）[136]借助霍普金森杆（SHPB）对不同粒径、不同含量的 EPS 混凝土的动态力学性能进行了研究。

庞宝君（2012 年）[137]利用分离式 Hopkinson 压杆（SHPB）系统，采用铅片作为整形器，分别对常温下及 400,600,800℃高温过火后的活性粉末混凝土（RPC）试样进行单轴冲击压缩试验，研究应变率及温度对 RPC 材料动态力学性能及变形破坏特性的影响规律。

何远明（2012 年）[138]采用霍普金森压杆试验装置和高温炉进行了高温下普通混凝土的抗冲击性能试验研究，通过比较实测动态强度和应力-应变曲线，揭示了温度和应变率对高温下混凝土动态力学性能的影响规律。

许金余带领的科研团队[139-144]自 2006 年开始，对常温或者高温下混凝土材料的动态力学性能（包括强度、变形、吸能等）进行广泛、深入的研究，取得了一系列丰硕的成果。

在 SHPB 试验技术、方法方面，国内也做了一些最新的研究工作。

刘剑飞等（2001 年）[145]在 Hopkinson 压杆上利用预留间隙法对花岗岩材料实施了高应变率动态实验，有效地避免了加载波上升沿过短对脆性材料实验精度的影响。

胡时胜等（2001 年）[146-147]利用 Hopkinson 压杆装置预留间隙实验法使加载入射波波幅振荡明显减小且初始上升时间为零，有效地减小了弹性波弥散带来的误差，使贴于压杆中部的应变片测得的信号经处理后，很大程度上直接反映的是试件端面的实际受力状态，且避免了试件在加载波上升沿段的不稳定受力，使应变率历史曲线更趋于恒定。这为提高 SHPB 装置的实验精度，特别是为脆性材料提供了一种实施高应变率实验的实用可行的途径。

卢芳云等（2002 年）[148]对 SHPB 实验中加载波波形进行控制，设计了铜片加硅橡胶的组合整形器，实现了软材料试样在加载过程中的应力平衡和常应变率加载，并采用这种方法进行软材料的冲击试验研究。

徐明利等（2003 年）[149]采用波形整形器使入射波的上升沿变宽，更好地满足试件中应力应变均匀分布的条件，使实验更接近常应变率加载的条件，指出在相同的试验条件下，直径较大的试件内部应力达到均匀分布的状态快于小直径的试件，并给出了改善试件早期应力均匀性的方法。

孟益平等(2003 年)[150]介绍了在大直径直锥变截面式 SHPB 实验装置上进行混凝土试件冲击压缩实验的方法,以及实验过程中出现的试件应力均匀性问题。对于由方波加载造成的试件内应力波反射次数不够,导致应力分布不均匀的问题,提出了波形整形的思想。将矩形波改造成三角波,增加试件破坏前的应力作用时间以获得应力均匀,设计了万向头来消除由杆与试件接触不平引起的应力分布不均。

胡金生等(2003 年)[151]在混凝土材料的 Hopkinson 压杆试验中,在入射杆贴软胶布减少弥散,使用万向头消除试件的应力不均匀性,提高了混凝土 SHPB 实验的精度。

巫绪涛等(2004 年)[152,153]进行了用应变计直接测量混凝土动态应力应变曲线的试验研究,并讨论了 SHPB 装置间接测量混凝土材料动态应力应变曲线存在的应力应变不均匀性、大尺寸 SHPB 压杆应力波弥散及数据处理时应力波波头选取等问题,提出了一些改进的方法。

李英雷等(2005 年)[154]从 SHPB 实验的一维应力假设出发,确定了入射、反射和透射波的起点位置的判读办法,提高了 SHPB 实验结果的准确性,并规范了 SHPB 实验的数据处理。

宋力等(2005 年)[155]分析了 SHPB 数据处理中的二波法与三波法,指出基于绝对时间下的试件应力及应变计算的三波处理法具有最好的可信度,且能最大程度地避免数据处理过程中的人为因素。

肖大武等(2007 年)[156]利用有限元计算和量纲分析的方法,分析了在硬质材料测试中因试件与杆横截面积失配而出现的二维效应,并提出了平面二维效应和凹面二维效应的概念。结果表明,平面二维效应的影响可忽略不计,而凹面二维效应的影响是最主要的。研究结果对试件与杆横截面积失配情况下的 SHPB 试验有一定的指导意义。

刘飞等(2007 年)[157]针对采用 SHPB 装置研究泡沫等软材料和黄土、砂石等松散介质的动态特性时存在的试验技术问题,提出利用钢套筒约束试件横向变形的方法;在 SHPB 冲击加载装置上实现材料准一维应变实验,研究了上述材料在准一维应变条件下的动态力学特性。

朱珏等(2007 年)[158]认为,在 SHPB 冲击试验中试样断裂前的应力是否达到均匀,是冲击试验是否有效的一个关键。以水泥砂浆为例,采用弹性和 ZWT 黏弹性两种本构模型,通过特征线解法对高应变率 SHPB 试验过程中的加载/卸载应力均匀性进行了分析。

周子龙等(2009 年)[159]从分析 SHPB 测试中试样变形应力、入射应力、反射应力和透射应力的相互关系入手,获得满足试样恒应变率变形所需的加载条件。试验结果表明,整形器法和异形冲头法都能在一定程度上实现试样的恒应变率测试,双试样法实际上是整形器法的一个特例。

戴凯等(2010 年)[160]针对 SHPB 试验中试件的应力均匀性问题,计算分析了试件达到应力均匀时波在试件中来回透射-反射所需的最低次数,以及相对应的入射脉冲上升沿最短时间。通过 Φ50 mm SHPB 试验装置对 C40 混凝土进行冲击压缩试验,得到铜片、铝片、黄油、橡胶 4 种波形整形材料冲击后的入射波形,并进行分析比较。结果表明,橡胶是良好的波形整形材料,且其波形呈半正弦状。

周国才等(2010 年)[161]讨论了高温下分离式 Hopkinson 压杆(SHPB)实验的两种方案:单独加热试样并快速对杆与同时加热试样和杆再修正温度梯度的影响。为了分析后者温度梯度的影响设计了一个简化模型,采用数值计算进行修正,提出了精度适当的假设,并且进行了实验验证。

宫凤强等(2012 年)[162]提出了一种改造的三轴 SHPB 动静组合加载实验装置,可进行不同围压与不同应变率下三轴冲击压缩试验。

1.3　主要研究内容

本书以矿渣粉煤灰基地聚合物材料为代表,主要研究纤维增强地聚合物材料及其动态力学性能。全书由两部分构成。

第一部分,纤维增强矿渣粉煤灰基地聚合物材料的基本特性研究,包括以下三方面的内容。

(1)矿渣粉煤灰基地聚合物的强度体系。基于响应曲面设计方法(Response Surface Methodology,RSM)测试了 SFG 的静态力学性能,分析建立了强度体系,并进行预测和对比验证。

(2)矿渣粉煤灰基地聚合物的效益评价。从基本情况、经济效益、社会效益、环境效益以及综合评价入手进行全面的效益分析。

(3)纤维增强地聚合物混凝土(Fiber Reinforced Geopolymeric Concrete,FRGC)的制备技术。这一部分从地聚合物的生产工艺、地聚合物混凝土的配合比设计、纤维增强地聚合物混凝土的制备工艺三方面详细阐述了制备技术。

第二部分,纤维增强地聚合物混凝土的动态力学性能研究从以下三方面着手:

(1)对 Φ100 mm SHPB 试验技术进行了理论研究,提出了应力脉冲整形的目标。

(2)通过波形整形技术,得到了适合测试地聚合物混凝土动力特性的应力脉冲,保证了试验有效性。

（3）采用碳纤维和玄武岩纤维作为强韧化材料,制备了玄武岩纤维增强地聚合物混凝土(Basalt Fiber Reinforced Geopolymeric Concrete，BFRGC)和碳纤维增强地聚合物混凝土(Carbon Fiber Reinforced Geopolymeric Concrete，CFRGC)，测试了其静动力特性和建立了本构模型,并进行了对比研究。

第二章　矿渣粉煤灰基地聚合物的强度体系

2.1　引　　言

一般对于胶凝材料而言,只有建立了强度体系,即不同含量的各组分所对应的强度,才能说明一种新型胶凝材料的制备形成了系统。因此,矿渣粉煤灰基地聚合物制备的关键环节在于建立强度体系。

本章旨在解决该问题。主要研究内容如下:

(1)建立矿渣粉煤灰基地聚合物的强度体系。首先,基于响应曲面正交旋转组合设计法制定了试验方案,制备了 36 组净浆试件,并测试了标准养护 28d 后的抗压、抗折强度,得到配比与强度关系,并以此分析各配比对强度的影响规律。

(2)探讨强度体系应用的可行性。首先设计并制备了不同配比的 ASFG,一方面以研究得到的强度规律为依据对强度进行预测;另一方面,实测抗折、抗压强度,然后进行对比验证。

2.2　响应曲面分析法原理

RSM[163−166] 是结合数学和统计两方面知识对所研究的对象进行试验、建模、数据分析、最优化、预测分析的一种方法。其目的在于,通过对试验的因素、水平进行主动设计并试验,得到响应 y 与因素 $\zeta_1, \zeta_2, \cdots, \zeta_K$ 之间的定量函数关系为

$$y = f(\zeta_1, \zeta_2, \cdots, \zeta_K) + \varepsilon \tag{2.1}$$

式中,$f(\zeta_1, \zeta_2, \cdots, \zeta_K)$ 是函数的真实响应,一般来说有两种形式,一阶模型和二阶模型,而二阶模型是应用最为广泛的一种。其基本形式为

$$y = \beta_0 + \sum_{i=1}^{k} \beta_i x_i + \sum_{i<j}^{k} \beta_{ij} x_i x_j + \sum_{i=1}^{k} \beta_{ii} x_i + \varepsilon \tag{2.2}$$

其原因在于具备能拟合多种函数形式的特性,常常能够逼近实际响应,而且在解决实际问题的应用中已有大量成功实例。ε 是系统误差,表示由不可控噪声因素造成的 f 所无法解释的方差,包括了响应受到的各种影响,通常假定均值为 0。

RSM 的具体设计方法很多，其中应用最为广泛的方法是中心复合设计 (Central Composite Design)，其包括外切中心复合设计 (Central Composite Circumscribed，CCC)、内切中心复合设计 (Central Composite Inscribed，CCI)、面心中心复合设计 (Central Composite Face-centered，CCF) 3 种形式。其中 CCC 对各因素的水平范围选取比较广，而且预测精度较高，调整设计参数容易达到优良性，如正交性、旋转性等，这些特性为其在材料研究中的应用提供了广阔的平台。

CCC 中每个因素有 5 个设计水平：$\pm r,0,\pm 1$，一般由 3 类试验点组成，设有 K 个设计因素，则试验总数 N 为

$$N = n_K + n_r + n_0 \tag{2.3}$$

式中，$n_K = 2^K$，为各因素均取二水平的全因子试验点；$n_r = 2K$，为坐标轴点，其中，r 为轴点距中心点的距离；n_0 为中心点，即各因素均取零水平时的试验点。

选择合适的 r 可以使 CCC 具有旋转性，即能保证预测方差的一致性；在 r 确定的基础上，合适的 n_0 可以使设计满足正交性要求，这样数据处理将会在保证精度的前提下变得更加方便。

RSM 的基本过程：首先根据专业知识选择符合实际的响应曲面方程的形式，再根据最小二乘法估计相应的系数，就可得到初始的响应曲面方程；然后对回归方程和回归系数进行显著性分析，根据显著性检验值的大小，剔除最小二乘估计中系数最不显著的变量，并建立剔除后的响应曲面方程，再进行检验，直到每一个系数都显著为止，即得到修正的响应曲面方程。

本书中所研究的对象为 4 个因素，即 $K = 4$，则可用下式中的二阶模型：

$$y = \beta_0 + \sum_{i=1}^{4}\beta_i x_i + \sum_{i<j}^{4}\beta_{ij} x_i x_j + \sum_{i=1}^{4}\beta_{ii} x_i^2 + \varepsilon \tag{2.4}$$

具体实施步骤如下：

(1) 因素编码。为能解决由于量纲不同而给设计带来的不便，需对因素进行编码变换，以使数据规范化。具体方法：

根据专业知识确定因素合适的范围，设第 i 个因素 $\mathscr{L}_i$ 的合适变化区间为 $[\mathscr{L}_{-1i},\mathscr{L}_{1i}]$。其中，$i = 1,2,\cdots,K$，令区间的中点 $\mathscr{L}_{0i} = (\mathscr{L}_{-1i} + \mathscr{L}_{1i})/2$，区间长度的一半定义为变化半径 $\Delta_i = (\mathscr{L}_{1i} - \mathscr{L}_{-1i})/2$，然后针对每个因素作以下变化，则

$$x_i = (\mathscr{L}_i - \mathscr{L}_{0i})/\Delta_i \tag{2.5}$$

通过上式的线性变换能使所有因素均实现无量纲化处理，由原来带量纲的形如"长方体"的区域变换成为统一的无量纲的以中心为原点的"正方体"区域。

(2) 试验方案设计。首先根据试验设计的优良性需求，确定参数 r 和 n_0。具

体方法是,设计若具有旋转性,则应该满足 $r^4 = n_K = 2^K$,由此可得到 r 值;若需求正交性,则应该满足:

$$g = \left(1 - \frac{e}{N}\right)^2 n_K + \left(r^2 - \frac{e}{N}\right)\left(-\frac{e}{N}\right) + 4\left(-\frac{e}{N}\right)^2 (N - n_K - 4) = 0$$

(2.6)

式中,$e = n_K + 2r^2$。由此可确定 n_0,这样再通过式(2.3)计算得到试验次数 $r = 2$,$n_0 = 12, N = 36$,建立试验方案。当设计同时满足旋转性和正交性时,称之为响应曲面正交旋转组合设计法。

（3）初始的响应曲面方程。为方便数据处理,二次项 x_i 均通过下式进行了统一的变换,即

$$x'_i = x_i^2 - \frac{e}{N} \quad (i = 1, 2, 3, 4)$$

(2.7)

式中,$e = n_K + 2r^2 = 24, N = 36$。这样将二阶模型成功地转换为一阶模型,有

$$y = zb + \varepsilon$$

(2.8)

式中,$z = (1, z_1, z_2, z_3, z_4, z_5, z_6, z_7, z_8, z_9, z_{10}, z_{11}, z_{12}, z_{13}, z_{14}) =$

$(1, x_1, x_2, x_3, x_4, x_1x_2, x_1x_3, x_1x_4, x_2x_3, x_2x_4, x_3x_4, x_1,$

$x_2, x_3, x_4);$

$b = (b_0, b_1, b_2, b_3, b_4, b_5, b_6, b_7, b_8, b_9, b_{10}, b_{11}, b_{12}, b_{13}, b_{14}) =$

$\left(\beta_0 + \sum_{i=1}^{4} \beta_{ii} \frac{e}{N}, \beta_1, \cdots, \beta_4, \beta_{12}, \beta_{13}, \cdots, \beta_{34}, \beta_{11}, \cdots, \beta_{44}\right)'$

将 36 组试验数据代入,则用矩阵形式表示为

$$\boldsymbol{Y} = \boldsymbol{Z}b + \boldsymbol{\varepsilon}$$

(2.9)

要用最小二乘法求系数向量 b,则需

$$\boldsymbol{Q} = \sum_{j=1}^{N} \varepsilon_j^2 = \boldsymbol{\varepsilon} \times \boldsymbol{\varepsilon} = (\boldsymbol{Y} - \boldsymbol{Z}b)'(\boldsymbol{Y} - \boldsymbol{Z}b)$$

(2.10)

取极小值。

对 $\boldsymbol{Q}$ 求偏导,得到

$$\frac{\partial \boldsymbol{Q}}{\partial \boldsymbol{b}} = \frac{\partial(\boldsymbol{Y}'\boldsymbol{Y} - b'\boldsymbol{Z}'\boldsymbol{Y} - \boldsymbol{Y}'\boldsymbol{Z}b + b'\boldsymbol{X}'\boldsymbol{X}b)}{\partial \boldsymbol{b}} = \frac{\partial(\boldsymbol{Y}'\boldsymbol{Y} - 2b'\boldsymbol{Z}'\boldsymbol{Y} + b'\boldsymbol{X}'\boldsymbol{X}b)}{\partial \boldsymbol{b}}$$

(2.11)

令 $\frac{\partial \boldsymbol{Q}}{\partial \boldsymbol{b}} = \boldsymbol{0}$,可得

$$\hat{\boldsymbol{b}} = (\boldsymbol{Z}'\boldsymbol{Z})^{-1}\boldsymbol{Z}'\boldsymbol{Y}$$

(2.12)

则得到初始的响应曲面方程为

$$\hat{y}_0 - z_0 \hat{b} \tag{2.13}$$

(4) 方程的显著性检验。首先分析有关统计量：

离差平方和为

$$S_T^2 = \sum_{i=1}^{N} (y_i - \bar{y})^2 : \chi^2(N-1) \tag{2.14}$$

回归平方和为

$$S_R^2 = \sum_{i=1}^{N} (\hat{y}_i - \bar{y})^2 : \chi^2 \left[K + K + \frac{K(K+1)}{2} \right] \tag{2.15}$$

残差平方和为

$$S_E^2 = \sum_{i=1}^{N} (\hat{y}_i - y_i)^2 : \chi^2 \left(N - \left[K + K + \frac{K(K+1)}{2} \right] - 1 \right) \tag{2.16}$$

这三者满足条件 $S_T^2 = S_R^2 + S_E^2$，同时存在关系 $S_E^2 = S_e^2 + S_{Lf}^2$。

式中，y_i 表示实际测试值；$\hat{y}_i$ 表示拟和响应值；$\bar{y} = \dfrac{\sum\limits_{i=1}^{N} y_i}{N}$ 表示实际测试值的平均

值；$\bar{y}_0 = \dfrac{\sum\limits_{i=N-n_0+1}^{N} y_i}{N}$ 表示各因素零水平重复测试响应值；$S_e^2 = \sum\limits_{i=N-n_0+1}^{N} (y_i - \bar{y}_0)^2 :$

$\chi^2(n_0-1)$。

各统计量的自由度分别为

$$f_T = N - 1;$$
$$f_R = K + K + \frac{K(K+1)}{2};$$
$$f_E = N - \left[K + K + \frac{K(K+1)}{2} \right] - 1;$$
$$f_e = n_0 - 1;$$
$$f_{Lf} = f_E - f_e \text{。}$$

第一步，进行合适性检验，即检验模型失拟性。

若统计量 $F_{Lf} = \dfrac{S_{Lf}^2/f_{Lf}}{S_e^2/f_e}$ 满足条件 $F_{Lf} < F_a(f_{Lf}, f_e)$，则模型合适，否则应对模型作修正。

第二步，当模型合适时，作显著性分析。

可通过以下两个方法来判断。

1) 统计量 $F = \dfrac{S_R^2/f_R}{S_E^2/f_E}$ 满足条件 $F > F_a(f_R, f_E)$，即可认为相应曲面方程是显

著的,否则认为该方程是意义不大的。

2）复相关系数 $R = \sqrt{\dfrac{S_R^2}{S_T^2}}$ 越接近 1,则说明回归效果越好。

（5）回归系数的显著性检验。 回 归 系 数 的 显 著 性 检 验 是 检 验 $z_j\left(j = 1, 2, \cdots, K + \dfrac{K(K+1)}{2} + K\right)$ 的系数 b_j 是否为 0,采用统计量 $F_j = \dfrac{U_j}{S_E^2/f_E}$ 进行检验。

式中,U_j 是 z_j 的偏回归平方和,其计算公式为 $U_j = \dfrac{\hat{b}_j^2}{c_{jj}}$,其中 c_{jj} 是 $\mathbf{Z}'\mathbf{Z}$ 的逆矩阵的对角元素。

若 z_j 对应的 $F_j = \dfrac{U_j}{S_E^2/f_E}$ 满足条件 $F > F_\alpha(1, f_E)$,则认为 z_j 对应的系数 b_j 是显著的。如果采用的设计具有正交性,则可将不显著的因素一次性全部剔除,得到修正后的响应曲面方程;如果不具备正交性,则由于各系数间不独立,不能一次性全部删除,而是每次剔除一个最不显著的因素,建立响应曲面方程,再进行方程和回归系数的检验,直到每一个系数均显著为止。

（6）最终的响应曲面方程。通过数据处理,得到修正后的响应曲面方程为

$$\hat{y} = z\hat{b} \tag{2.17}$$

将 $z = (1, x_1, x_2, x_3, x_4, x_1x_2, x_1x_3, x_1x_4, x_2x_3, x_2x_4, x_3x_4, x'_1, x'_2, x'_3, x'_4)$ 利用式 2.7 进行代换,即可得到 y 与 x 的二次响应曲面方程,再将编码代入,得到最后的因素与强度的关系为

$$\hat{y} = f(\zeta_1, \zeta_2, \zeta_3, \zeta_4) \tag{2.18}$$

（7）预测和控制。通过有关研究,可以近似认为

$$(y - \hat{y}) \sim N\left(0, \frac{S_E^2}{f_E}\right) \tag{2.19}$$

则在 95% 的保证率下,预测值 $y \in \left[\hat{y} - 1.96 \times \sqrt{\dfrac{S_E^2}{f_E}}, \hat{y} + 1.96 \times \sqrt{\dfrac{S_E^2}{f_E}}\right]$。

当要求 y 在一定范围内时,即 $y \in [y_1, y_2]$ 时求自变量的范围,即控制问题,则通过下式计算求得:

$$\left.\begin{array}{c} y_1 \leqslant \left(\hat{y} - 1.96 \times \sqrt{\dfrac{S_E^2}{f_E}}\right) \\[3mm] \left(\hat{y} + 1.96 \times \sqrt{\dfrac{S_E^2}{f_E}}\right) \leqslant y_2 \end{array}\right\} \tag{2.20}$$

2.3 基于响应曲面分析的强度试验

2.3.1 原材料及试验

地聚合物的原材料包括粉煤灰、矿渣、液体硅酸钠、氢氧化钠和水，主要有下述特性。

(1)粉煤灰。选用韩城电厂 F 类(低钙)I级粉煤灰，化学组成见表 2.1，主要指标见表 2.2。

表 2.1　粉煤灰的化学组成(质量分数/(%))

氧化物	SiO$_2$	Al$_2$O$_3$	Fe$_2$O$_3$	CaO	Na$_2$O	TiO$_2$	MgO	K$_2$O	P$_2$O$_5$	SO$_3$	其他	烧失量
粉煤灰	45.8	21.4	12.6	13.7	1.1	0.2	1.3	1.8	0.1	1.9	—	0.1

表 2.2　粉煤灰主要指标检验结果

细度/(45 μm 筛余,%)	需水量比/(%)	烧失量/(%)	SO$_3$ 含量/(%)
2	89	3.0	<1

(2) 矿渣。选用陕西蒲城恒远环保建材有限公司的矿渣。该矿渣是高炉矿渣经过烘干，进入磨机。研磨后，得到比表面积≥400m²/kg 的超细矿渣微粉，其水化性能、耐腐蚀性、后期强度、活性都有很大的提高，可直接作为混合料掺入混凝土中，非但不影响混凝土性能，而且对其后期和长期强度都有极大的促进作用，并且能改善混凝土的和易性。其主要化学成分见表 2.3。

表 2.3　矿渣的主要化学成分(质量分数/(%))

氧化物	SiO$_2$	Al$_2$O$_3$	Fe$_2$O$_3$	CaO	Na$_2$O	TiO$_2$	MgO	K$_2$O	P$_2$O$_5$	SO$_3$	其他	烧失量
矿渣	29.2	19.4	5.8	38.6	0.2	0.6	2.8	0.1	—	2.6	0.4	0.3

(3)液体硅酸钠。来自南京合一化工厂，液态，模数为 3.0～3.3。添加硅酸钠的目的是调节试验体系中的 Na$_2$O/SiO$_2$ 比值，为铝硅酸盐聚合反应提供强碱性环境，同时硅酸钠在聚合反应的过程中还起到模板和骨架作用，其主要化学成分见表 2.4。

表 2.4 硅酸钠的主要化学成分

二氧化硅含量 %	氧化钠含量 %	密 度 kg·L⁻¹	水不溶物含量 %	铁含量 %	模 数 M
≥26.0	≥8.2	1.368~1.394	≤0.40	≤0.05	3.1~3.4

(4)烧碱(NaOH,NH)。采用东莞市乔声电子科技有限公司生产的化学纯氢氧化钠,此品为白色片状固体,易吸收空气中的水分及二氧化碳,易溶于水。高浓度的氢氧化钠溶液是铝硅酸盐聚合反应的激活剂,其主要化学成分见表2.5。

表 2.5 烧碱的主要化学成分

色普标准含量	碳酸钠	氯化物	硫酸盐	总氮量	磷酸盐	硅酸盐	钙	铁
≥99%	≤3.0%	≤0.01%	≤0.02%	≤0.002%	≤0.002%	≤0.05%	≤0.05%	≤0.002%

(5)水(自来水)。为剔除砂石的影响,采用净浆试件对地聚合物材料进行研究。首先根据试验设计方案提供的原材料配比进行称料,均匀混合和搅拌后装入 40 mm×40 mm×40 mm 的九联模中;然后在振实台上成型,试体连模一起在养护室(20℃±1℃,相对湿度不低于95%)中养护 24 h,之后脱模,再养护至强度试验;最后到试验龄期时将试件取出,进行抗压强度试验。

本试验中所用到的静力试验设备如图2.1所示,其具体信息见表2.6。

(a) (b) (c) (d)

图 2.1 试验设备图

(a)电子秤; (b)行星式水泥胶砂搅拌机; (c)水泥胶砂振实台; (d)50 t压力试验机

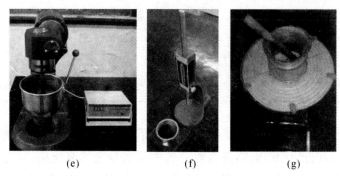

(e)   (f)   (g)

续图 2.1　试验设备图

(e)净浆搅拌机；　(f)水泥标准稠度凝结测定仪；　(g)扩展度测定仪

表 2.6　试验设备信息

设备名称	型　号	出厂单位
电子秤	TD20002	天津市天马仪器厂
行星式水泥胶砂搅拌机	JJ－5 型	无锡市建筑材料仪器机械厂
水泥胶砂振实台	ZS－15 型	
50 t 压力试验机	NYL－50 型	
水泥净浆搅拌机	NJ－160B	无锡建仪仪器机械有限公司
水泥标准稠度凝结测定仪	—	江苏东台市迅达路桥工程仪器厂
扩展度测定仪	—	河北沧州方圆仪器厂

2.3.2　试验方案及结果

　　基于响应曲面正交旋转组合设计法制定了 SFR,WBR,NHC,n 4 个因素的试验方案,测试得到了响应值,即标准养护 28d 后的抗压强度,以此建立强度体系。其中,试验设计中常用的参数见表 2.7。

表 2.7　设计参数

参数名称	代称字母	含　义
粉煤灰	Fly Ash（FA）	无
矿渣	Slag（SL）	
水	Water（W）	
NaOH	NH	
液体硅酸钠（水玻璃）	Water Glass（WG）	

续 表

参数名称	代称字母	含 义
胶凝材料	Binder（B）	粉煤灰与矿渣之和
矿渣/粉煤灰	Slag-Fly ash Ratio（SFR）	矿渣与粉煤灰的重量比值
水胶比	Water-Binder Ratio（WBR）	水与胶凝材料总量的质量比
NH 掺量质量百分数	NaON Content（NHC）	NH 与胶凝材料总量的质量比（以百分数表示）
液体硅酸钠/NaOH	WG/ NH（n）	WG 与 NH 的质量比
砂率	Sand－Aggregate Ratio（SAR）	砂在粗细骨料中占的比例

依据实施步骤进行以下几方面的分析和处理。

(1)因素编码。基于编码变换原则,建立本试验的因素与编码对应表,见表2.8。

表 2.8 因素与编码对应表

编码\因素	WBR	SFR	NHC	n
−2	0.17	1	2.4%	1.50
−1	0.24	2	3.7%	3
0	0.31	3	5.0%	4.50
1	0.38	4	6.3%	6.00
2	0.45	5	7.6%	7.50

(2)试验方案及响应。试验具体方案和结果见表2.9。

表 2.9 试验方案及结果

编号	x_1	x_2	x_3	x_4	f_{pc-28d}	编号	x_1	x_2	x_3	x_4	f_{pc-28d}
1	1	1	1	1	21.8	6	1	−1	1	−1	22.7
2	1	1	1	−1	33.5	7	1	−1	−1	1	20.4
3	1	1	−1	1	27.8	8	1	−1	−1	−1	25.1
4	1	1	−1	−1	28.1	9	−1	1	1	1	43.3
5	1	−1	1	1	19.5	10	−1	1	1	−1	50.2

续 表

编号	x_1	x_2	x_3	x_4	f_{pc-28d}	编号	x_1	x_2	x_3	x_4	f_{pc-28d}
11	−1	1	−1	1	45.8	24	0	0	0	−2	39.4
12	−1	1	−1	−1	51.7	25	0	0	0	0	42.4
13	−1	−1	1	1	41.6	26	0	0	0	0	42.7
14	−1	−1	1	−1	45.2	27	0	0	0	0	41.1
15	−1	−1	−1	1	43.7	28	0	0	0	0	40.9
16	−1	−1	−1	−1	39.9	29	0	0	0	0	42.5
17	2	0	0	0	18.4	30	0	0	0	0	42.8
18	−2	0	0	0	55.7	31	0	0	0	0	41.9
19	0	2	0	0	48.1	32	0	0	0	0	43.1
20	0	−2	0	0	37.4	33	0	0	0	0	41
21	0	0	2	0	33.4	34	0	0	0	0	42.8
22	0	0	−2	0	36.9	35	0	0	0	0	40.5
23	0	0	0	2	31.2	36	0	0	0	0	42.3

在试验过程中,观察和易性及初凝时间可得出下述结论。

(1) 在 WBR $\in$ [0.18,0.38] 的范围内,和易性随着水胶比的提高而逐渐提升,这与普通硅酸盐水泥的特性类似,和易性主要取决于用水量的多少;当 WBR = 0.18 时,和易性太差。因此,为保证施工的顺利,在实践中,应确保 WBR $\geqslant$ 0.24。

(2) 初凝时间主要由 SFR 和 NHC 控制,且随着 SFR 和 NHC 的增加而减少。因此,在保证强度的基础上,适当地增加粉煤灰的用量,以确保满足施工工艺要求。

(3) 当 SFR = 3 时,流动性、黏聚性较好,初凝时间达到 30 min,满足施工工艺要求,因此在该比值下,矿渣与粉煤灰之间的协调作用发挥最明显。

2.3.3 强度体系的建立

JMP 软件是一款专业的试验设计和分析软件,在处理 RSM 相关问题时具有独特的优势,现利用该软件辅助完成数据处理。

试验因素可表示为

$$\begin{bmatrix} \zeta_1 \\ \zeta_2 \\ \zeta_3 \\ \zeta_4 \end{bmatrix} = \begin{bmatrix} \text{WBR} \\ \text{SFR} \\ \text{NHC} \\ n \end{bmatrix} \tag{2.21}$$

为方便记录信息，以矩阵的形式表示二次响应曲面方程为

$$\hat{\boldsymbol{y}} = f(\zeta_1, \zeta_2, \zeta_3, \zeta_4) = \boldsymbol{\zeta}^{\mathrm{T}} \boldsymbol{A} \boldsymbol{\zeta} \tag{2.22}$$

式中，$\boldsymbol{\zeta} = (1 \quad \zeta_1 \quad \zeta_2 \quad \zeta_3 \quad \zeta_4)^{\mathrm{T}}$；

$$\boldsymbol{A} = \begin{bmatrix} a0 & a1 & a2 & a3 & a4 \\ & a11 & a12 & a13 & a14 \\ & & a22 & a23 & a24 \\ & & & a33 & a34 \\ \text{sym.} & & & & a44 \end{bmatrix}$$

对响应进行数据处理，主要信息如下：

（1）对于响应值 $\boldsymbol{y}$ 即 28d 抗压强度而言，最终的响应曲面方程为 $\hat{\boldsymbol{y}} = \boldsymbol{\zeta}^{\mathrm{T}} \boldsymbol{A} \boldsymbol{\zeta}$。
式中，系数矩阵

$$\boldsymbol{A} = \begin{bmatrix} -23.719\,9 & 26.12 & 3.32 & 793.03 & 6.12 \\ & -308.04 & 0.00 & 0.00 & 0.00 \\ & & 0.00 & 0.00 & -0.40 \\ & & & -13\,221.15 & -29.33 \\ \text{sym.} & & & & -0.92 \end{bmatrix}$$

由 JMP 运行得到的相关信息，如图 2.2 所示。

失拟合

来源	DF	平方和	均方	F 比率
失拟合	16	70.909896	4.43187	2.2130
纯误差	11	22.029167	2.00265	p 值 > F
总误差	27	92.939062		0.0928

方差分析

来源	DF	平方和	均方	F 比率
模型	8	3002.4684	375.309	109.0320
误差	27	92.9391	3.442	p 值 > F
C. 合计	35	3095.4075		< .0001*

参数估计

项	估计	标准误差	t 比率	p 值 > |t|
截距	41.585417	0.488918	85.06	< .0001*
WBR(0.24, 0.38)	-9.7125	0.378714	-25.65	< .0001*
SFR(2, 4)	3.0625	0.378714	8.09	< .0001*
n(3, 6)	-2.0375	0.378714	-5.38	< .0001*
SFR*n	-1.19375	0.463828	-2.57	0.0159*
NHC*n	-1.14375	0.463828	-2.47	0.0203*
WBR*WBR	-1.509375	0.327976	-4.60	< .0001*
NHC*NHC	-2.234375	0.327976	-6.81	< .0001*
n*n	-2.071875	0.327976	-6.32	< .0001*

拟合汇总

R 平方	0.969975
调整 R 平方	0.961079
均方根误差	1.855313
响应均值	37.70833
观测值（或权重和）	36

图 2.2　JMP 软件运行得到的相关信息

由图 2.2 分析可得以下结论：

(1)合适性检验。由"失拟合"分析可知，$F_{Lf} = 2.213\ 0 < F_a(f_{Lf}, f_e) = F_{0.05}(16, 11)$，则模型是合适的。这也可以从"$p$ 值 $> F$"的概率为 $0.092\ 8 > 0.05$ 得到这一结论。

(2)方程的显著性检验。由"方差分析"可知，$F = \dfrac{S_R^2/f_R}{S_E^2/f_E} = 109.032 > F_a(f_R, f_E) = F_{0.05}(f_8, f_{27})$，而且由"拟和汇总"可知，$R^2 = \dfrac{S_R^2}{S_T^2} = 0.969\ 975$ 接近 1，通过这两点可以判定响应曲面方程是显著的。

(3)回归系数的显著性检验。经过不断检验得到的回归系数的"p 值 $> F$"的概率均小于 0.05，则每一个回归系数均是显著的。

由此可见，从数学角度来看，基于 RSM 的 28d 抗压强度体系是合适的、显著的，反映了内在的规律。一方面，强度体系的建立奠定了新型胶凝材料-矿渣粉煤灰基地聚合物的制备基础；另一方面，强度体系在实践和理论上均有重要应用，例如配合比设计、配合比调整、各因素的影响规律等，同时也提供了一种新型材料研究的思路。

基于 28d 抗压强度体系，分析各因素的影响规律，同时从和易性、施工工艺要求(主要指初凝时间)等方面综合评判，当 SFR＝3.0，NHC＝5.0%，n＝3 时，能发挥出各组分的潜在活性，整体性能优。

2.4　各因素对抗压强度的影响规律

研究各因素对抗压强度的影响规律，由本章 2.3 节可知，各因素与 f_{pc-28d} 的关系为 $\hat{y} = \zeta^T A \zeta$，当研究某一因素对强度的影响规律时，令其余因素为常数，ζ_1, ζ_2，ζ_3, ζ_4 分别以字母 a, b, c, d 替代，各因素的区间范围分别为 [0.24, 0.38]，[2, 4]，[3.7%, 6.3%]，[3.00, 6.00]。从以下几方面来分析强度影响规律。

2.4.1　水胶比对抗压强度的影响规律

WBR 与 f_{pc-28d} 关系式为

$$
\begin{aligned}
f_{pc-28d} =& 52.23\zeta_1 + 6.64\zeta_2 + 1\ 586.06\zeta_3 + 12.25\zeta_4 - 0.80\zeta_2\zeta_4 - 58.65\zeta_3\zeta_4 - \\
& 308.04\zeta_1^2 - 13\ 221.15\zeta_3^2 - 0.92\zeta_4^2 - 23.719\ 9 = \\
& -308.04\zeta_1^2 + 52.23\zeta_1 + K_{21}
\end{aligned} \tag{2.23}
$$

对该二次函数进行示意绘图，如图 2.3 所示。

$$f_{pc-28d} = -308.04\zeta_1^2 + 52.23\zeta_1 + K_{21}$$

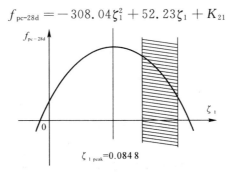

图 2.3　WBR 对 f_{pc-28d} 的影响规律示意图

分析可知，$\zeta_{1\,peak} = \dfrac{52.23}{2 \times 308.04} = 0.084\,8$，对照 ζ_1 的取值范围，可知 WBR 对 f_{pc-28d} 的影响规律对应该凸二次函数的下降段，即如图 2.3 所示的阴影区域，随着 WBR 的增大，f_{pc-28d} 不断减小，但下降的趋势越来越快。

2.4.2　矿渣／粉煤灰之比对抗压强度的影响规律

SFR 与 f_{pc-28d} 的关系式为

$$f_{pc-28d} = (6.64 - 0.80d)\zeta_2 + K_{22} \tag{2.24}$$

对该一次函数进行示意绘图，如图 2.4 所示。

$$f_{pc-28d} = (6.64 - 0.80d)\zeta_2 + K_{22}$$

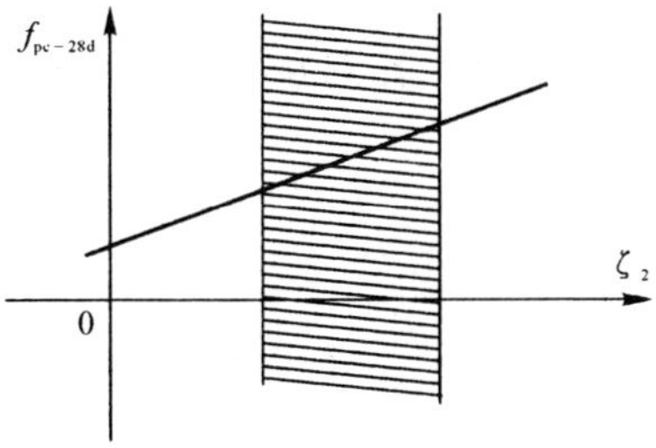

图 2.4　SFR 对 f_{pc-28d} 的影响规律示意图

由图分析可知，直线的斜率 $k = 6.64 - 0.80d$，由 d 的取值范围可得出 $1.84 \leqslant k \leqslant 4.24$，则 f_{pc-28d} 将随着 SFR 的增加而线性增大。

2.4.3　NaOH 掺量质量百分数对抗压强度的影响规律

NHC 与 f_{pc-28d} 的关系式为

$$f_{\text{pc-28d}} = -13\,221.15\zeta_3^2 + (1\,586.06 - 58.65d)\zeta_3 + K_{23} \tag{2.25}$$

对该二次函数进行示意绘图，如图 2.5 所示。

$$f_{\text{pc-28d}} = -13\,221.15\zeta_3^2 + (1\,586.06 - 58.65d)\zeta_3 + K_{23}$$

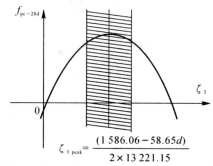

图 2.5　NHC 对 $f_{\text{pc-28d}}$ 的影响规律示意图

对二次曲线的分析可知，$\zeta_{3\,\text{peak}} = \dfrac{(1\,586.06 - 58.65d)}{2 \times 13\,221.15}$，由 d 的取值范围可得出 $\zeta_{3\,\text{peak(min)}} = 4.67\%$，$\zeta_{3\,\text{peak(max)}} = 5.33\%$，而 $\zeta_3 \in [3.7\%, 6.3\%]$，则 NHC 对 $f_{\text{pc-28d}}$ 的影响规律对应二次函数的先上升到顶点再下降段，即如图 2.5 所示的阴影部分存在最佳 NHC 量。当 NHC 过大，即碱过量时，将会对后期强度造成一定的损伤，导致强度反而下降，这体现了碱作为催化作用存在一个最适宜掺量，具体运用时需对这一性质加以利用。

2.4.4　液体硅酸钠与 NaOH 之比对抗压强度的影响规律

因素 n 与 $f_{\text{pc-28d}}$ 的关系式为

$$f_{\text{pc-28d}} = -0.92\zeta_4^2 + (12.25 - 0.80b - 58.65c)\zeta_4 + K_{24} \tag{2.26}$$

对该二次函数进行示意绘图，如图 2.6 所示。

$$f_{\text{pc-28d}} = -0.92\zeta_4^2 + (12.25 - 0.80b - 58.65c)\zeta_4 + K_{24}$$

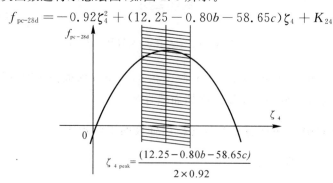

图 2.6　n 对 $f_{\text{pc-28d}}$ 的影响规律示意图

对二次曲线的分析可知，$\zeta_{4\,\text{peak}} = \dfrac{(12.25 - 0.80b - 58.65c)}{2 \times 0.92}$，由 b 和 c 的取值范围可得出 $\zeta_{4\,\text{peak(min)}} = 2.910$，$\zeta_{4\,\text{peak(max)}} = 4.609$，而 $\zeta_4 \in [3.00, 6.00]$，则 n 对 $f_{\text{pc-28d}}$ 的影响规律主要对应先上升到顶点再下降段，即如图 2.6 所示的阴影部分存在最佳掺量，原因也在于碱作为催化作用，复合碱组分间存在最佳比值。

2.4.5　碱激发剂对抗压强度的影响规律

由上述分析可知，对于 $f_{\text{pc-28d}}$ 而言，碱激发剂 AC 和 n 均存在最佳掺量，因此碱激发剂整体对 $f_{\text{pc-28d}}$ 的影响规律值得探究。

以 NHC, n 为自变量，其余因素以字母代替，则有二元二次函数关系式为

$$f_{\text{pc-28d}} = -13\,221.15\zeta_3^2 - 0.92\zeta_4^2 - 58.65\zeta_3\zeta_4 + 1\,586.06\zeta_3 +$$
$$(12.25 - 0.80b)\zeta_4 + K_{25} \tag{2.27}$$

对该式求一阶和二阶偏导数，则有

$$\left.\begin{aligned} f_{\zeta_3}(\zeta_3, \zeta_4) &= -2 \times 13\,221.15\zeta_3 + (1\,586.06 - 58.65\zeta_4) \\ f_{\zeta_4}(\zeta_3, \zeta_4) &= -2 \times 0.92\zeta_4 + (12.25 - 58.65\zeta_3 - 0.80b) \end{aligned}\right\} \tag{2.28}$$

$$\left.\begin{aligned} A &= f_{\zeta_3\zeta_3}(\zeta_3, \zeta_4) = -26\,442.3 \\ B &= f_{\zeta_3\zeta_4}(\zeta_3, \zeta_4) = -58.65 \\ C &= f_{\zeta_4\zeta_4}(\zeta_3, \zeta_4) = -1.84 \end{aligned}\right\} \tag{2.29}$$

由多元函数的极值理论分析，$AC - B^2 = 45\,214.01 > 0$，且 $A < 0$，故存在极大值，令 $f_{\zeta_3}(\zeta_3, \zeta_4) = 0$，$f_{\zeta_4}(\zeta_3, \zeta_4) = 0$，得到极值点为

$$\left.\begin{aligned} \zeta_3 &= 0.048\,7 + 0.001b \\ \zeta_4 &= 5.086 - 0.45b \end{aligned}\right\} \tag{2.30}$$

因此在一定范围内，当碱激发剂 AC 和 n 取到极值点时，$f_{\text{pc-28d}}$ 将达到最大值，即该参数下的碱激发剂最大限度地激发了矿渣和粉煤灰的潜在活性。

2.5　强度体系的预测及验证

众所周知，评定 OPC 强度等级的主要指标为 28d 抗压强度。为能对后期材料应用时的配比设计提供相关的理论依据，有必要对 28d 抗压强度规律进行验证。

试验方案见表 2.10，选取了 12 组进行净浆试验，测试标准养护 28d 后抗压强度，同时根据强度规律预测相应配比的 28d 抗压强度，并进行对比分析，结果见表 2.11。

表 2.10 强度预测试验方案

因素 编码	WBR	SFR	NHC/(%)	n
−2	0.17	1	2.4	1.50
−1	0.24	2	3.7	3
0	0.31	3	5.0	4.50
1	0.38	4	6.3	6.00
2	0.45	5	7.6	7.50

表 2.11 预测强度与实测强度对比

试验号	WBR	SFR	NHC/(%)	n	f_{pc-28d}预测区间		实测 f_{pc-28d}
YC-1	0.26	3.5	4.00	2	42.544 8	47.717 2	45.4
YC-2	0.26	2.5	4.00	2	37.492 7	42.665 2	41.5
YC-3	0.26	3.5	7.00	2	42.033 7	49.093 8	46.6
YC-4	0.26	3.5	4.00	4	47.236 4	49.396 8	47.8
YC-5	0.31	3.5	4.00	2	36.400 3	41.526 9	39.6
YC-6	0.31	2.5	4.00	2	31.348 2	36.474 9	34.7
YC-7	0.31	3.5	7.00	2	35.883 0	42.909 6	40.1
YC-8	0.31	3.5	4.00	4	41.125 0	43.173 4	42.8
YC-9	0.38	3.5	4.00	2	25.091 6	30.391 9	27.1
YC-10	0.38	2.5	4.00	2	20.039 5	25.339 8	22.8
YC-11	0.38	3.5	7.00	2	24.597 3	31.751 6	28.7
YC-12	0.38	3.5	4.00	4	29.701 9	32.152 8	31.4

由表 2.11 可见,实测强度基本上在预测强度区间内。这表明由响应曲面分析法得到的强度规律与实际是相吻合的,可以应用到配比设计中。

2.6 小　　结

本章基于响应曲面正交旋转组合设计法建立 SFG 的强度体系,并以此分析各

因素对强度的影响规律,同时探讨强度体系有关应用的可行性。结论如下:

(1)基于 RSM 建立的强度体系,从数学角度分析是可靠的,应用该体系可对各因素对强度的影响规律等方面进行理论分析。

(2)通过对强度规律的预测和验证,说明了强度体系从应用角度分析是可行的,可应用在配比设计等实践中。因此,RSM 可广泛应用于新型复合材料研发领域,应用前景广阔。

第三章 矿渣粉煤灰基地聚合物的效益评估

3.1 引 言

矿渣粉煤灰基地聚合物材料是一种新型环保型复合材料,它具有力学性能优异、环境污染小且生产耗能低、性价比高等诸多优点,因此具有良好的工程应用前景。

为体现该新型胶凝材料的优越性,本章在原材料的基本情况、经济效应、社会效应、环境效应评价的基础上进行综合评估,进而详细地进行矿渣粉煤灰基地聚合物的效益评估。

3.2 基 本 情 况

3.2.1 粉煤灰

全球最有影响力的环保组织之一的绿色和平组织(Greenpeace)在 2010 年1 月至 8 月间对中国 14 家火电厂的粉煤灰灰场进行了实地调查。结果显示,粉煤灰已成为中国工业固体废物的最大单一排放源,而且中国严重低估粉煤灰污染程度,其综合利用不仅被夸大,而且目前对其持续污染的管理仍为空白。

粉煤灰若是不能妥善处理,将存在下述几方面的问题。

3.2.1.1 大气污染及其附加的危害

粉煤灰呈细粒状,体积轻,容易起尘,并通过空气迅速扩散,在四级以上风力的气候条件下,长时间飘浮在大气中,导致周围的空气质量下降,严重地影响附近地区居民的生活和工作环境。悬浮颗粒落在地面后,会对建筑物、露天艺术品、树的表面造成严重侵蚀,影响市容市貌,在一定程度上造成了经济损失;悬浮颗粒落在农作物上,会直接造成病害或者减产,严重破坏了当地经济;当悬浮颗粒被人吸入后,大于 2.5 μm 的颗粒可沉积在人体的鼻咽区,小于 2.5 μm 的颗粒会沉积在支气管、肺泡区,影响人体健康。

3.2.1.2 水体和土壤污染及其附加的危害

堆放在储灰场的粉煤灰,在日晒、风吹、雨淋、冻融、渗透等作用下,一方面粉煤灰颗粒会随风飘落水体中或地面上,另一方面粉煤灰中一些可渗滤的有害物质易随天然降水渗入土壤中,进入地表水循环,使水质和土质恶化。例如粉煤灰中的可溶盐、硼及其他潜在毒性元素过高,可导致元素不均衡以及土壤的板结和硬化;若发生强降雨、洪涝等自然灾害引起山体崩塌、滑坡、泥石流等次生灾害时,这种污染会更加严重,灰场中贮存的数十万吨含有多种重金属等有害物质的粉煤灰会成为危及人身安全和诱发生态灾难的巨大隐患。

3.2.1.3 贮灰场的建设

粉煤灰的大量堆放主要以贮灰场形式存在,而火电厂的建设,特别是靠近大城市、沿海的地区,人多耕地少,难以找到一个合适的贮灰场地。尤其是在如今地价疯狂上涨的情况下,即使有了地,代价也是很大的。据资料显示,每 1×10^4 t 粉煤灰贮存将占地 $0.25 \sim 0.35$ hm²。到目前为止,全国占地约 $3.75 \times 10^4 \sim 5.25 \times 10^4$ hm²,造成土地资源的极大浪费,而且据绿色和平称,粉煤灰灰场占地问题日趋严重。根据早期的资料,一些电厂大型贮灰场的建设费用都在 1 亿元左右,而且水力除灰维护费用较高,国家开始征收水资源费,而如今水费也在不断上升。

3.2.1.4 处置费用高

《一般工业固体废物贮存、处置场污染控制标准》中规定,灰场距居民区的距离应当不小于 500m。这导致电厂排出的大量粉煤灰转移到贮灰场一般需要建立输灰系统或者通过卡车运输,因而需巨资投入建设基础性的设施或者高额的运输费用;同时,还有对贮灰场日常的系统管理需支付人工管理费。

因此,需要付出的代价有以下几方面。

(1)经济损失。经济损失由直接经济损失和间接经济损失两部分构成。

直接经济损失包括占地投资;建设处置粉煤灰的设备,如运输系统、储灰设施;管理费用。

间接经济损失包括占用大气污染损失、水体损失、土地损失等。

(2)违反了循环经济的原则。传统经济是一种由"资源→产品→消费→污染排放"的单向式流程组成的经济。它的特征是高开采、高投入、低利用、高排放。在这种线性经济中,人们通过生产和消费把地球上的物质和能源大量地提取出来,然后又把污染物和废弃物大量地排放到空气、水系、土坡和植被中,不断地加重地球环境的负荷来实现经济的增长。

为了解决经济发展与生态环境保护之间的突出矛盾,推动可持续发展,一种全新的经济活动方式"循环经济"由此产生。循环经济理论是对生态经济、清洁生产、资源综合利用、绿色消费等一切有利于环境、有利于实现社会经济活动"低消耗、高效益、低排放"的理论,它是以物质资源的循环使用为特征的,要求把经济活动组成一个"自然资源开发→物品生产、消费或旧物再用→废物再生资源"的反馈式流程,以互联的方式进行物质交换,并以最大限度地利用进入系统的物质和能量,达到"低开采、高利用、低排放",把经济活动对自然环境的影响降低到尽可能小的程度。

循环经济以"减量化、再使用、再循环"为行为准则,因而称为3R原则。其中,减量化原则(Reduce)就是用较少的原料和能源达到既定的生产或消费目的,在经济活动的源头节约资源和减少污染;再使用原则(Reuse),即尽量延长产品的使用周期,产品和包装容器能被多次和反复地使用;再循环原则(Recycle),即产品完成其使用功能之后能够重新变成可以利用的资源。3R原则构成了循环经济的基本思路。

由此可见,粉煤灰的堆存违背了循环经济的基本原则,这种处理方法势必被淘汰。

3.2.2 矿渣

高炉矿渣是冶炼生铁时,从高炉中排出的一种废渣。在冶炼生铁时,加入高炉的原料除了铁矿石和燃料(焦炭)外,还有助熔剂。当炉温达到1 400~1 600℃时,助熔剂与铁矿石发生高温反应生成生铁和矿渣。高炉矿渣是由脉石、灰分、助熔剂和其他不能进入生铁中的杂质所组成的易熔混合物。从化学成分上看,高炉矿渣属于硅酸盐质材料,其排放量随着矿石品位和冶炼方法不同而变化。

与粉煤灰相比,现今高炉矿渣的综合利用技术较为成熟,应用的范围也较广。水淬成粒状矿渣(简称水渣)是生产水泥、矿渣砖瓦和砌块的好原料;经急冷加工成膨胀矿渣珠或膨胀矿渣,可做轻混凝土骨料;吹制成矿渣棉可制造各种隔热、保温材料;浇铸成型可做耐磨的热铸矿渣;轧制成型可做微晶玻璃;慢冷成块的重矿渣可以代替普通石材用于建筑工程中。

目前,我国的钢铁年产量已经达到5×10^8 t左右,每年排出的高炉矿渣约2×10^8 t,如何高效利用高炉矿渣使之变废为宝,是大家普遍关心的一项重要课题。国外高炉矿渣的综合利用是在20世纪中期开始发展起来的。当前欧美一些发达国家已做到当年排渣,当年用完,全部实现了资源化。我国高炉矿渣的利用率虽在85%左右,但整体利用率水平不高,剩余的仍然继续堆积。

我国在2008年7月1日开始实施《用于水泥和混凝土中的粒化高炉矿渣粉》,形成了产品化生产,价格根据等级不同而变化,市场平均价格为200元/t。

3.2.3 烧碱

烧碱,亦称苛性钠。工业烧碱有液体和固体,液体为氢氧化钠水溶液,固体呈白色、不透明,常制成片、棒、粒状或熔融状态,烧碱是氯碱行业中的一个重要组分,是我国基础化工原料,主要用于造纸、印染、化纤等行业。

制备烧碱所用原材料主要为 NaCl,因此制碱的同时必然会涉及氯工业,所以氯与碱的平衡是氯碱工业发展的关键。在 20 世纪 80 年代,是以碱定氯,通常把氯气作为生产烧碱的副产品。而到了 20 世纪 90 年代,由于氯产品的应用越来越广泛,氯碱工业逐步发展为以氯定碱,烧碱逐渐被一些业内人士称为副产品了。近十几年来,由于市场竞争日益激烈,我国各氯碱企业为了提高自身的竞争力,纷纷盲目扩大烧碱装置规模,使烧碱产能增长过快,而下游相关产业发展滞后,氯与碱的需求不平衡问题越来越凸显。由于国内市场上氯产品需求旺盛,而烧碱市场疲软,所以目前我国成为世界上唯一有烧碱过剩需要出口,却需要大量进口氯产品的国家。估计今后这种氯与碱的供求不平衡还将会继续进一步扩大。

由上述我国烧碱行业的现状可以看出,一方面,烧碱供大于求的局面为地聚合物材料的生产提供了广阔的平台,具有良好的社会效益;另一方面,也使企业更加深刻感受只有积极调整产品结构,走发展循环经济的道路,以低投入、高产出的经营理念应对弱市,才能使企业生存发展。

我国已经加入 WTO,任何一个企业要想长期生存下去,并参与国内外市场竞争,必须通过 ISO 14000 标准认证,走绿色化、清洁化的生产道路,氯碱生产企业也是如此。我国现有的产业政策已把环保列入重大议事日程,"十一五"期间我国的氯碱企业将按照"减量化、现利用、资源化"的原则,大力开展废物综合利用,将末端治理逐步转变为控制源头。清洁化生产工艺将在隔膜法烧碱生产企业普遍推广,为隔膜法烧碱的长期生存创造有利条件。

现今通过不懈的努力,我国的烧碱行业已经逐步引入国际先进技术,清洁生产和循环经济的理念也深入人心。国家也采取实质性的措施以加大对烧碱行业的污染控制,目前进展顺利,而且纯碱工业是本来就存在的,不是由于发展地聚合物材料而产生的。因此,在环境评价中可以不考虑烧碱可能带来的污染。

据调查分析,烧碱市场售价根据产地不同而变化,平均价格在 2000 元/t 左右。

3.2.4 液体硅酸钠

常用的水玻璃分为钠水玻璃和钾水玻璃两类,俗称泡花碱。钠水玻璃为硅酸钠水溶液,分子式为 $Na_2O \cdot mSiO_2$。钾水玻璃为硅酸钾水溶液,分子式为 $K_2O \cdot mSiO_2$。土木工程中主要使用钠水玻璃,当工程技术要求较高时也可采用钾水玻璃。优质纯净的水玻璃为无色透明的黏稠液体,溶于水。当含有杂质时,呈淡黄色或青灰色。

钠水玻璃分子式中的 m 称为水玻璃的模数,代表 Na_2O 和 SiO_2 的摩尔比,是非常重要的参数。m 值越大,水玻璃的黏度越高,但水中的溶解能力下降。当 m 大于 3.0 时,只能溶于热水中,给使用带来麻烦。m 值越小,水玻璃的黏度越低,越易溶于水。土木工程中常用模数 m 为 2.6~2.8,既易溶于水又有较高的强度。

我国生产的水玻璃模数一般在 2.4~3.3 之间。水玻璃在水溶液中的含量(或称浓度)常用密度或者波美度表示。土木工程中常用水玻璃的密度一般为 1.36~1.50 g/cm^3,相当于波美度 38.4~48.3。密度越大,水玻璃含量越高,黏度越大。

水玻璃通常采用石英粉(SiO_2)加上纯碱(Na_2CO_3),在 1 300~1 400℃的高温下煅烧生成液体硅酸钠,从炉出料口流出、制块或水淬成颗粒。再在高温或高温、高压水中溶解,制得溶液状水玻璃产品。水玻璃的用途非常广泛,几乎遍及国民经济的各个部门,最重要的一点是,新型水玻璃被称为符合可持续发展的绿色环保型铸造黏结剂。

为规范硅酸钠行业的发展,防止盲目投资和重复建设,促进产业结构升级,控制高耗能、高污染、资源型产业过快增长,根据国家有关法律法规和产业政策,按照"调整结构、有效竞争、降低消耗、保护环境、持续发展"的原则,国家制定了硅酸钠行业的准入条件。其中最重要的一点是,新建或改建硅酸钠项目,必须按照国家、省、市等相关法律法规的要求进行环境影响评价以及节能影响评估,并按要求向行政主管部门进行申报、审批、验收,落实污染防治、节能减排措施;必须按照设计、施工、投产"三同时"原则建设"三废"治理装置和节能降耗装置,依法配备能源计量装置。因此,准入条件实施后,首先有利于硅酸钠行业的节能减排,其次对硅酸钠产品的高端发展也大有帮助。

因此,随着科学发展和技术进步,通过产业结构调整和推行清洁生产,水玻璃工业在生产技术水平和污染物控制等方面都有了实质性的进展,预期能实现可持续发展。

由此可见,在地聚合物材料中采用水玻璃将不会对环境产生太大的危害,因此在环境评价中不计入水玻璃可能带来的污染。

据调查分析,近年来,水玻璃的市场售价根据技术指标和产地不同而变化,平均价格在 600 元/t 左右。

3.3　经济效应评价

当 SFR＝3.0，NHC＝5.0％，n＝3 时，能发挥出各组分的潜在活性，整体性能优，以该配比的地聚合物为例与普通硅酸盐水泥进行经济方面的对比，分析如下：

（1）市场价格。假定水玻璃中的二氧化硅和氧化钠组分的质量百分比为 φ，则由表 2.4 可知，φ＝34.2％，则 $\varphi \cdot$ WG 为水玻璃中的固体组分，则地聚合物材料的各组分所占比例分别为粉煤灰 22.70％，矿渣 68.10％，NH 4.54％，$\varphi \cdot$ WG 4.66％，取 1 t 为计价单位，价格计算见表 3.1。

表 3.1　地聚合物及其原材料价目表

原材料	含量/t	单价/（元·t^{-1}）	总价/元
FA	0.227 0	80	18.16
SL	0.681 0	200	136.20
NH	0.045 4	2 200	99.88
WG	0.046 6	600	27.95
地聚合物市场价格/（元·t^{-1}）			282

另外，国家对粉煤灰综合利用提出了一系列的鼓励措施和优惠政策，还制定了利废产品减免增殖税、所得税等优惠政策。因此，地聚合物的生产成本将进一步降低。而据市场调研表明，普通硅酸盐水泥的平均售价为 350 元/t，由此可见地聚合物具有明显的价格优势。

（2）潜在的经济效益。采用地聚合物替代硅酸盐水泥，为国家节约了宝贵的不可再生资源和能源，同时粉煤灰的有效利用，将损失转化为效益，现每年水泥的需求量约为 1.5×10^9 t，如此按 60％的替代率，将创造的经济效益达数万亿元。

3.4　社会效应评价

本节从以下几方面对社会效应进行评价分析。

（1）提高了居民的生活质量。消除灰渣堆存造成的环境危害，减轻了对人体的不利影响，提高了健康水平，从而促进居民生活质量的提高。

（2）推动国民经济发展。烧碱用量的加大，将促进氯与碱的需求达到平衡，能有效地刺激疲软的氯碱工业市场，从而带动整个工业的发展。

（3）顺应国家政策导向。国家在经济方面制定了一系列的政策和发展理念：可持续发展、清洁生产、生态文明以及建设资源节约型和环境友好型社会等，地聚合物的发展顺应了国家政策导向，对我国可持续发展起到了非常重要的推动作用，同时也对社会起到很好的典型示范作用。

（4）促进循环经济发展。地聚合物的主要原材料是固体废弃物，整个生产过程基本上实现绿色无污染，满足减量化原则；其具备优异的抗渗、抗侵蚀、抗冻等耐久性能，达到再使用原则的目的；地聚合物生产的本身就是一种变废为宝、循环利用的过程，另外在完成使用功能后仍可以开展可再生的研究，符合再循环原则的要求。由此可见，地聚合物的生产是对循环经济的诠释，在促进循环经济发展的同时，也进一步深化了循环经济的发展理念。

3.5　环境效应评价

（1）环境污染。水泥生产和固体废弃物的堆存，给环境带来了巨大的破坏作用。而地聚合物的应用一方面将减少水泥的用量，另一方面变废为宝，将固体废弃物合理资源化，系统地解决现有问题，改善了生态环境。

（2）自然资源利用。传统水泥生产能耗极大，占世界总能耗的 15%。同时，我国水泥年产量多年居世界第一，其水泥单位能耗达 5 280 kJ/kg，比世界水泥单位平均能耗 3 260 kJ/kg 高 60%，生产能耗问题尤其突出，同时耗费大量的矿产资源，而且固体废弃物堆存造成了土地资源的浪费。而地聚合物在生产过程中，无需"两磨一烧"等消耗大量资源和能源的煅烧工艺，其能耗只有陶瓷生产的 1/20，钢的 1/70，塑料的 1/150，将有效地保护和节约国家的自然资源。

3.6　综 合 评 价

以上述分析为基础，综合评价硅酸盐水泥与地聚合物见表 3.2。

由表可知，相对于硅酸盐水泥而言，地聚合物在经济、社会和环境等各方面均存在独特的优势。因此，地聚合物具有广阔的应用前景。

表 3.2 综合评价对比表

情景 类别	基线(baseline)情景	蓝图(blue Map)情景	综合评价
经济 分析	(1)市场平均价格 350 元/t; (2)经济损失以万亿元计	(1)市场平均价格 282 元/t; (2)创造经济效益	新型胶凝材料性价比高,利于市场流通,利国利民
社会 分析	(1)影响居民的生活质量; (2)烧碱市场疲软; (3)违背循环经济的原则	(1)提高生活质量; (2)有效刺激氯碱工业市场; (3)顺应国家政策导向	促进了社会和谐与国民经济发展,具备典型的示范作用
环境 分析	(1)环境污染严重; (2)耗费能源和资源	(1)基本达到清洁生产; (2)绿色生产,有效保护资源	达到可持续发展的目标

3.7 小 结

本章对矿渣粉煤灰基地聚合物的生产效益进行评估,主要结论如下:地聚合物具备生产工艺简单、易于实现产业化的优点,有明显的经济、社会和环境效益,具有进一步开发和应用的意义。

第四章　纤维增强矿渣粉煤灰基地聚合物混凝土的制备

4.1　引　　言

地聚合物是一种新型的胶凝材料,由于研究时间尚短,其制备体系尚无统一的标准,为实现工业化生产,有必要对制备体系进行系列研究。本章在实践和考察的基础上,提出矿渣粉煤灰基地聚合物混凝土的制备体系,主要从地聚合物的生产工艺、地聚合物混凝土的配合比设计和纤维增强地聚合物混凝土的制备工艺三方面进行阐述。

4.2　地聚合物的生产工艺

地聚合物在实际工程中的应用可采取两种方式。一种是"现场制备法",即根据需要确定配制强度,基于强度规律,得到配比,再计算得到各组分含量,通过现场调配得到地聚合物。

另一种是"预制法",划定不同等级的强度需求,以强度规律为基础确定计算配比,并经试配调整,得到产品的生产配比,通过一定的生产工艺对原材料进行加工处理并进行袋装得到地聚合物。在实际应用中,根据需要选择不同强度等级的地聚合物,然后采用类似于传统袋装水泥制备混凝土的方法实施。具体的生产工艺如图4.1所示。图中,A代表FA的处理过程:直接收集,无需磨细。它采用在公开号为CN1450013A的发明创造中提出的"直接掺加分选粉煤灰的复合水泥的生产方法及制得的复合水泥"。该方法中利用直接从电厂收集的粉煤灰,该粉煤灰具有下述特点。

(1) 细度好。直接收集的粉煤灰中,具有高活性的玻璃微珠,其细度达到$45\ \mu m$以下的颗粒都在$60\% \sim 70\%$以上;在28d之内充分参与熟料粉水化的$30\ \mu m$以下的极细颗粒占35%,这是一般废渣所没有的颗粒特性。

(2) 活性大。直接收集的粉煤灰为水化产物的"二次水化"提供了大量的反应结合物,当掺量在20%时,粉煤灰颗粒表面便覆盖了一层很薄的水化产物,同时也促进了熟料矿物的水化,当掺量在 40％时,可以使熟料矿物的水化直接在其表面沉积,扩大水化产物的疏散,增加熟料水化速度。

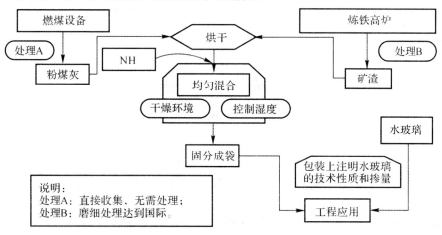

图 4.1 "预制法"生产工艺示意图

（3）密实水泥浆体孔隙。粉煤灰对水泥浆体孔结构有改善作用,这是由于粉煤灰密实效应作用的结果。在早期,大量细小的粉煤灰颗粒填充在熟料矿物的水化产物孔隙中,将原有的大孔分割为很多细小且互不连通的小孔,使得大孔减少,微孔增加,硬化浆体的密实度提高。

如果对粉煤灰经磨机加工,裂解,磨机内的温度、湿度、压力等因素将会导致活性矿物的损害性水化,使得粉煤灰利用过程中的部分反应属于二次水化;粉煤灰自身颗粒级配较好,在发电厂也不需要分选、分级。由此可见,对粉煤灰的正确利用方式为无需分选,不再过磨,直接掺加,不消耗二次能源地直接利用。

B 代表 SL 的处理过程:磨细处理达到国家标准。理由如下:SL 已经形成产业化生产,直接采用,将有利于质量的控制。

在标准化生产工厂中,首先将矿渣和粉煤灰进行烘干处理,防止水分含量过多,保证 NH 的质量;然后在能控制湿度的干燥环境中均匀混合矿渣、粉煤灰、NH等固份材料;最后,装入包装袋中,并在袋上注明水玻璃的主要技术性质和掺量,以备在工程应用时,与水玻璃配合形成胶凝材料。

4.3 地聚合物混凝土的配合比设计

以前期的研究为依据,在大量探索性试验的基础上,建立"现场制备法"应用状态下的地聚合物及其混凝土的配比设计体系,为其广泛应用提供平台。

地聚合物的设计参数为 WBR,SFR,NHC,n;地聚合物混凝土的设计参数为 BWR,SAR,CPAR(或者 W)。

配比基于下述原则:

(1)混凝土强度 f_c 由地聚合物净浆和骨料及其黏结特性三方面综合构成。Bolomy 经大量试验数据统计拟合得出,即

$$f_c = K_1 f_{ce} \left(\frac{B}{W_Z} - K_2 \right)$$

式中,f_{ce} 为水泥强度等级;总用水量 W_Z 为 W 与水玻璃中的 H_2O,即 $W_Z = W + WG(1-\varphi)$,对于地聚合物而言,主要反映在特定 BWR 下的 SFR,AC,n 三因素的影响,而 $\frac{B}{W_Z}$ 从侧面反映特定 SFR,NHC,n 下的 BWR 对强度的影响,综合 $f_{ce} \left(\frac{B}{W_Z} - K_2 \right)$ 集中反映了地聚合物净浆的 WBR,SFR,NHC,n 4 个因素对混凝土强度的贡献;K_1,K_2 为回归系数,综合反映其余各方面因素的影响,例如施工方法和工艺条件等等,但主要体现骨料的影响,需要通过试验确定其具体值。因此,有理由假定 f_c 与地聚合物净浆强度 f_{pc-28d} 成线性关系,即 $f_c = \alpha_1 f_{pc-28d} + \alpha_2$,其中,$\alpha_1$、$\alpha_2$ 为回归系数,其数值的确定需在工地的具体环境条件下,进行不同参数下的混凝土试验,求出符合当地实际情况的 α_1,α_2 系数。

(2)新拌混凝土的工作性主要由总用水量 W_Z 决定,采用类似《普通混凝土配合比设计规程》中的处理办法,在骨料确定的情况下,塌落度 $h(\text{mm})$ 与总用水量 $W_Z(\text{kg/m}^3)$ 成直线关系,即 $h = aW_Z + b$,需要通过试验确定其具体值。

(3)净浆 CP 与骨料 A 的配比,即 CPAR 对混凝土的施工性、体积稳定性等性能影响很大,是保证硬化前后混凝土性能的核心因素。假定存在最优浆骨比 CPAR$_{\text{optimum}}$,理由在于美国 P. K. Mehta 和加拿大 P. C. Aitcin 教授,在对高性能混凝土进行大量的研究后认为,要使高性能混凝土同时达到最佳的施工性和强度性能,CPAR 存在最佳值。

(4)根据普遍适用的混凝土模型,设

$$V_C + V_{W_Z} + V_S + V_G + V_a = 1\ 000\ \text{L}$$

式中,$V_C = V_{SL} + V_{FA} + V_{NH} + V_{\varphi \cdot WG}$,由于地聚合物的孔隙较小,假定 $V_a = 10\ \text{L}$。

配比设计主要包括以下步骤:

(1)确定配制强度。令 $f_{c,d}$ 为设计强度,$f_{c,p}$ 为配制强度,根据统计学知识,为使混凝土强度具有要求的保证率,则存在以下关系

$$f_{c,p} = f_{c,d} - \gamma\sigma \tag{4.1}$$

式中，γ 为概率度，当混凝土的保证率为 95.0% 时，$\gamma = -1.645$；σ 应根据施工单位的统计资料确定。

（2）确定地聚合物配比参数：WBR，SFR，NHC，n 及 BWR。

$$\left.\begin{aligned}f_c &= \alpha_1 f_{pc\text{-}28d} + \alpha_2 \\ f_{pc\text{-}28d} &= \boldsymbol{\zeta}^{\mathrm{T}} \boldsymbol{A} \boldsymbol{\zeta}\end{aligned}\right\} \tag{4.2}$$

由式（4.2）可得到下式。

$$f_{c,p} = \alpha_1 \boldsymbol{\zeta}^{\mathrm{T}} \boldsymbol{A} \boldsymbol{\zeta} + \alpha_2 \tag{4.3}$$

由此利用基于 RSM 建立的强度规律的控制功能，可确定 WBR，SFR，NHC，n 4 个参数，通过转换下式可确定 BWR。

$$\mathrm{BWR} = \frac{1}{\mathrm{WBR}} \tag{4.4}$$

（3）确定地聚合物的密度 ρ_c。由 SFR，NHC，n 3 个参数可确定地聚合物中 FA，SL，NH，$\varphi \cdot$ WG 的质量百分比由下式表示：

$$\left.\begin{aligned}\xi_{\mathrm{FA}} &= \frac{\mathrm{SFR}}{(1+\mathrm{SFR})\left[\mathrm{NHC} \times (1+n) + 1\right]} \times 100\% \\ \xi_{\mathrm{SL}} &= \frac{1}{(1+\mathrm{AC})(1+\mathrm{SFR})} \times 100\% \\ \xi_{\mathrm{NH}} &= \frac{\mathrm{AC} \cdot n}{(1+\mathrm{AC})(1+n)} \times 100\% \\ \xi_{\varphi \cdot \mathrm{WG}} &= \frac{\mathrm{AC}}{(1+\mathrm{AC})(1+n)} \times 100\%\end{aligned}\right\} \tag{4.5}$$

由此通过下式可确定 ρ_c，有

$$\rho_c = \frac{1}{\dfrac{\xi_{\mathrm{FA}}}{\rho_{\mathrm{FA}}} + \dfrac{\xi_{\mathrm{SL}}}{\rho_{\mathrm{SL}}} + \dfrac{\xi_{\mathrm{NH}}}{\rho_{\mathrm{NH}}} + \dfrac{\xi_{\varphi \cdot \mathrm{WG}}}{\rho_{\varphi \cdot \mathrm{WG}}}} \tag{4.6}$$

如果对塌落度有特殊需求，则按下述流程 Ⅰ 继续配合比设计，其余按下述流程 Ⅱ 实施。

流程 Ⅰ：

（4-Ⅰ）确定 W 及 C。考虑工程种类与施工条件，确定塌落度 h，再由下式确定 W_Z：

$$W_Z = \frac{h - b}{a} \tag{4.7}$$

由下式确定 W 及 C，即

$$\left\{\begin{array}{l} W_Z = W + (1-\varphi)WG \\ WG = \xi_{\varphi \cdot WG} \cdot C \\ BWR = \dfrac{(\xi_{SL} + \xi_{FA})C}{W} \end{array}\right. \rightarrow \left. \begin{array}{l} W = W_Z \dfrac{\xi_{SL} + \xi_{FA} + (1-\varphi)\xi_{\varphi \cdot WG} \cdot BWR}{\xi_{SL} + \xi_{FA}} \\ C = W_Z \dfrac{BWR}{\xi_{SL} + \xi_{FA} + (1-\varphi)\xi_{\varphi \cdot WG} \cdot BWR} \\ CW_Z R = \dfrac{C}{W_Z} = \dfrac{BWR}{\xi_{SL} + \xi_{FA} + (1-\varphi)\xi_{\varphi \cdot WG} \cdot BWR} \end{array}\right\}$$

$$(4.8)$$

(5-Ⅰ)确定 $SAR_{optimum}$。确定 $SAR_{optimum}$ 一般有两种方式:① 通过试验确定;② 根据以砂填充石子并稍有富余,以拨开石子的原则确定,即

$$SAR_{optimum} = \beta \frac{\rho'_{as} V_{os}}{\rho'_{as} V_{os} + \rho'_{og} V_{og}} = \frac{S}{S+G} \qquad (4.9)$$

式中,β 为拨开系数,一般取 $1.1 \sim 1.4$;ρ'_{as},ρ'_{og} 分别为砂、石的堆积密度;V_{as},V_{og} 分别为每立方米混凝土中砂、石的松散体积。

(6-Ⅰ)确定 G,S。根据式(4.9)及下式可确定 G 和 S:

$$\frac{C}{\rho_c} + \frac{W_Z}{\rho w_Z} + \frac{S}{\rho_s} + \frac{G}{\rho_g} + V_a = 1\ 000\ L \qquad (4.10)$$

其中,ρw_Z,ρ_s,ρ_g 分别为水、砂、石的密度。

流程 Ⅱ:

(4-Ⅱ)确定 $CPAR_{optimum}$,V_{cp} 及 V_A。大量试验,经不断调整可得到 $CPAR_{optimum}$。

由以下两式可确定 V_{cp} 及 V_A:

$$\left.\begin{array}{l} V_{cp} + V_A + V_a = 1\ 000 L \\ CPAR_{optimum} = \dfrac{V_{cp}}{V_A} \end{array}\right\} \qquad (4.11)$$

$$\left.\begin{array}{l} V_{cp} = \dfrac{CPAR_{optimum}(1\ 000 - V_a)}{CPAR_{optimum} + 1} \\ V_A = \dfrac{1\ 000 - V_a}{CPAR_{optimum} + 1} \end{array}\right\} \qquad (4.12)$$

(5-Ⅱ)确定 W 及 C。由式(4.8)和下式确定 W 及 C:

$$\left.\begin{array}{l} C = \dfrac{V_{cp} \cdot CW_Z R \rho w_Z}{\rho_c + CW_Z R \rho w_Z} \cdot \rho_c \\ W_Z = \dfrac{V_{cp} \rho_c}{\rho_c + CW_Z R \rho w_Z} \cdot \rho w_Z \\ W = \dfrac{V_{cp} CW_Z R \rho w_Z}{\rho_c + CW_Z R \cdot \rho w_Z} \cdot \rho_c \cdot \dfrac{(\xi_{SL} + \xi_{FA})}{BWR} \end{array}\right\} \qquad (4.13)$$

（6-Ⅱ）确定 $SAR_{optimum}$，G 及 S。同 5-Ⅰ 处理得到 $SAR_{optimum}$，则根据下式确定 G 及 S：

$$\left.\begin{aligned} S &= \frac{V_A(1-SAR_{optimum})\rho_g}{(1-SAR_{optimum})\rho_g + SAR_{optimum} \cdot \rho_s} \cdot \rho_s \\ G &= \frac{V_A \cdot SAR_{optimum} \cdot \rho_s}{(1-SAR_{optimum})\rho_g + SAR_{optimum} \cdot \rho_s} \cdot \rho_g \end{aligned}\right\} \qquad (4.14)$$

（7-Ⅱ）预测及调整塌落度。根据 $h = aW_Z + b$，可预测塌落度 h，若超出设计范围，可将 CPAR 在 $[CPAR_{optimum} - 5\%, CPAR_{optimum} + 5\%]$ 区调整再校核，如此反复得到初步配合比。

4.4　纤维增强地聚合物混凝土的制备工艺

"现场制备法"可采用下述方式进行。

首先称量材料，用电子秤称量硅酸钠、氢氧化钠和玄武岩纤维，精度控制在 $\pm 0.5\%$，其他材料用磅秤称量，精度控制在 $\pm 1\%$，注意用塑料容器称量硅酸钠和氢氧化钠，因为硅酸钠和氢氧化钠对金属容器具有较强的腐蚀作用；然后把称量好的硅酸钠、氢氧化钠和水放在塑料桶中，用木棒搅拌均匀；最后相继把材料倒入搅拌机中搅拌。地聚合物混凝土与纤维增强地聚合物混凝土的搅拌制备流程不一样，现分别予以阐述。

（1）地聚合物混凝土的制备工艺。先把矿渣和粉煤灰倒入搅拌机中，搅拌 30 s；然后放入砂、碎石，搅拌 30 s；最后把用 60 s 搅拌均匀的水、硅酸钠和氢氧化钠的混合溶液倒入搅拌机中，一起搅拌 120 s，如图 4.2 所示。

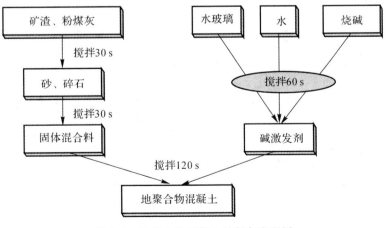

图 4.2　地聚合物混凝土的制备流程图

(2)纤维增强地聚合物混凝土的拌制。先放入石子,在搅拌机点动的间隔,把纤维进行手工均匀撒入后,搅拌 30 s;然后相继把矿渣、粉煤灰和砂倒入搅拌机中,搅拌 30 s;最后把搅拌均匀的水、硅酸钠和氢氧化钠的混合溶液倒入搅拌机中,一起搅拌 120 s,搅拌好的混合料用铁锹再拌合三次,确保混合料的均匀性,如图 4.3 所示。

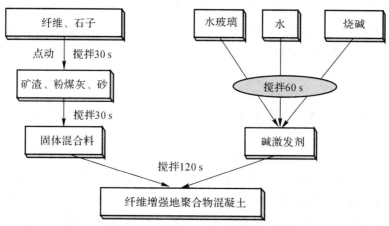

图 4.3　纤维增强地聚合物混凝土的制备流程图

相对应于"预制法",可采用与硅酸盐水泥类似的处理方法,推荐采用"裹砂石法",即二次投料法,分两次加水,两次搅拌。具体流程如图 4.4 和 4.5 所示。

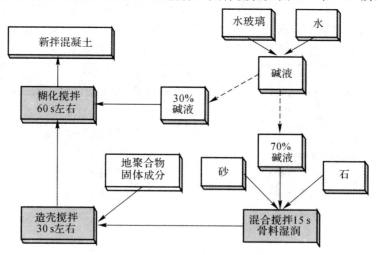

图 4.4　地聚合物混凝土的"裹砂石法"流程图

由图 4.4 中可知,对于地聚合物混凝土而言,先将水和技术性质达标的水玻璃均匀混合形成碱液,然后将 70% 的碱液、全部的砂和石倒入搅拌机,拌合 15 s 使骨料湿润,再倒入全部地聚合物固体成分进行造壳搅拌 30 s 左右,最后加入 30% 的碱液,再进行糊化搅拌 60 s 左右,得到新拌地聚合物混凝土。

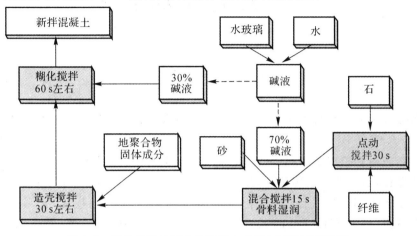

图 4.5　纤维增强地聚合物混凝土的"裹砂石法"流程图

由图 4.5 中可知,对于纤维增强地聚合物混凝土而言,先将水和技术性质达标的水玻璃均匀混合形成碱液,做好准备工作;将石加入搅拌机中,在点动的间隔,把纤维进行手工均匀撒入后,搅拌 30 s,然后将 70% 的碱液、全部的砂倒入搅拌机,拌合 15 s,再倒入全部地聚合物固体成分进行造壳搅拌 30 s 左右,然后加入 30% 的碱液,再进行糊化搅拌 60 s 左右得到新拌纤维增强地聚合物混凝土。

4.5　小　　结

本章详细地介绍了矿渣粉煤灰基地聚合物混凝土的制备体系。实践证明,与硅酸盐水泥相比,地聚合物的生产工艺简单,无需复杂操作,易于实现工业化生产;结合最新理论建立的地聚合物混凝土配合比设计方法具有很强的应用性;纤维增强地聚合物混凝土制备工艺的提出为实践操作提供依据和标准,有利于广泛推广应用。

第五章 分离式 Hopkinson 压杆试验技术

5.1 引　言

Hopkinson 压杆技术源于 1914 年 B. Hopkinson[167]测试压力脉冲的试验工作,后来 R. M. Davies[168]对它进行了改进。1949 年,H. Kolsky[169]在这些基础上建立了进行材料单轴动态压缩性能试验的试验方法,测试了高应变率下金属材料的力学性能,这个方法称为分离式 Hopkinson 压杆(SHPB)试验技术。

由于 SHPB 实验装置具有结构简单、操作方便、测量方法精巧、加载波形容易控制等优点,同时 SHPB 实验方法所涉及的应变率范围($10^2 \sim 10^4 \mathrm{s}^{-1}$)也是人们所关心的一般工程材料流动应力的应变率敏感性变化比较剧烈的范围。因此,SHPB 现已成为测试材料动态力学性能最基本的一种实验装置,并且仍有蓬勃发展的趋势。

本章对动力试验中的关键技术,即 SHPB 试验技术进行了系统的研究。首先,运用数值模拟和频谱分析确定理想的加载波形,提出波形整形设计的目标,之后以此为基础确定适合混凝土类材料的整形器,以保证加载过程中试件的应力均匀和恒应变率加载,从而提高试验精度。

5.2 Hopkinson 压杆试验系统

SHPB[170]试验技术,起初是用来研究金属、聚合物等材料的高应变率性能,发展至今已有近 60 年的历史,现已被广泛应用于混凝土[171-172]、陶瓷[173]、岩石[174-175]、软材料及松散材料[176-181]等多种材料动态力学性能的测试。由于研究的需要,SHPB 的直径在不断增大,国内外主要有 74[182]、75[183]及 100 mm[184-185]等直径规格。目前,空军工程大学建成了一套 Φ100 mm SHPB 试验装置[186-187],如图 5.1 所示,主要由主体设备、能源系统、测试系统三大部分组成。主体设备包括发射装置、发射炮管、射弹、吸能装置、杆件及其调整支架、操纵台等;能源系统包括空气压缩机、高压容器及管道;测试系统包括弹速测试系统及动态应变测试系统。入射、反射、透射杆与射弹均由同种材料制成,相关参数见表5.1。

(a)

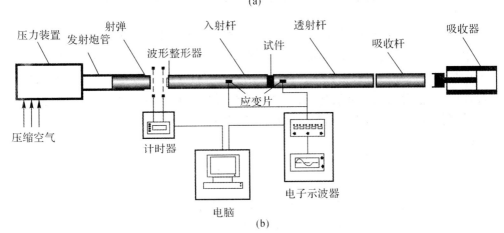

(b)

图 5.1 Φ100 mm SHPB 试验装置

(a)实物图; (b)示意图

表 5.1 SHPB 材料参数

材料	密度 $\rho/(kg \cdot m^{-3})$	弹性模量 E/GPa	波速 $c^*/(m \cdot s^{-1})$	泊松比 ν
48CrMoA	7 850	210	~5 172	0.25~0.30

* 波速 $c \approx \sqrt{E/\rho}$

SHPB 试验的基本原理(见图 5.2)是细长杆中弹性应力波传播理论,建立在两个基本假设的基础上:①平面假设,即应力波在细长杆中的传播过程中,弹性杆中的每个横截面始终保持平面状态；②应力均匀假设，即应力波在试件中的传播过程中，试件中的应力处处相等。

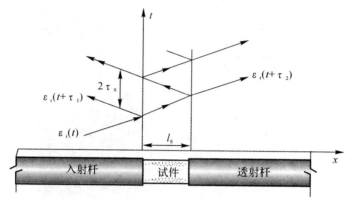

图 5.2　SHPB 试验过程中，GC 试件中的应力波传播（$\tau_S = l_S/c_S$，c_S 为试件中的波速）

SHPB 试验的基本过程如下：将试样夹持于两个细长弹性杆（定义为入射杆与透射杆）中，高压气体产生的动力推动子弹以一定的速度撞击入射弹性杆的左端，产生压应力脉冲沿着入射弹性杆向试样方向传播。当应力波传到入射杆与试样的界面时，一部分反射回入射杆，另一部分对试样加载并传向透射杆。该试验的有效性主要体现在试件的应力均匀性和恒应变率加载。

5.3　数据测试及处理

如图 5.3 所示，使用中航电测仪器股份有限公司生产的型号为 BE120—5AA 的胶基应变片，将其分别贴于入射杆、透射杆，以分别测量入射、反射及透射应变（典型的波形如图 5.4 所示）。基于以上两个假设，采用三波法[188]，由动态应变测试系统采集到的弹性杆中的应变波形，可计算出试件的应力 σ_s、应变率 $\dot{\varepsilon}_s$ 及应变 ε_s，即

$$
\left.
\begin{aligned}
\sigma_s(t) &= \frac{E\left[\varepsilon_i(t) + \varepsilon_r(t+\tau_1) + \varepsilon_t(t+\tau_2)\right]A}{2A_s} \\
\dot{\varepsilon}_s(t) &= \frac{\left[\varepsilon_i(t) - \varepsilon_r(t+\tau_1) - \varepsilon_t(t+\tau_2)\right]c}{l_s} \\
\varepsilon_s(t) &= \int_0^t \dot{\varepsilon}_s(\tau)\mathrm{d}\tau
\end{aligned}
\right\}
\tag{5.1}
$$

式中，E 为杆的杨氏模量；c 为杆中波速；A，A_s 分别为杆、试件的横截面积；l_s 为试

件的初始厚度；ε_i、ε_r、ε_t 分别为杆中的入射、反射、透射应变；τ_1、τ_2 分别为反射波、透射波相对于入射波的时间延迟。

应变片

图 5.3　入射杆与透射杆上的应变片

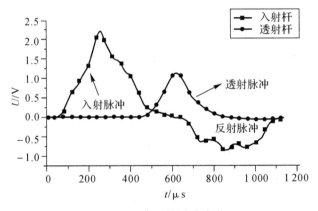

图 5.4　典型的测试波形

5.4　理想加载波形

混凝土材料 Φ100 mm SHPB 试验中的主要问题如下：为了更加准确地反映混凝土材料真实的冲击力学性能，试件的尺寸在不断增大，压杆的直径也随之增大。由压杆中质点的横向惯性运动引起的弥散效应导致了应力波波形的高频振荡，经数据处理所得的应力-应变曲线的高频振荡常常掩盖了材料的真实特性。混凝土材料的破坏应变非常小，想从根本上解决应力均匀性问题，尤其是恒应变率加载问题并非易事。混凝土试件在高速变形的情况下，质点存在着轴向与横向运动，使得其内部不再是一维应力状态，对试验数据按照一维应力波理论处理所得的应力显然不再是单轴压缩状态下的应力，即试件中质点的横向惯性运动导致的惯性效应对应力测试的影响较大。

大量试验表明,波形整形技术[189]能有效地解决上述问题,该技术已被成功地应用于多种材料的 SHPB 试验,整形器[190]的材料也多种多样,有纸、铜、树脂玻璃、聚合物等。

为深入研究波形整形技术,笔者在 Φ100 mm SHPB 试验中应用了黄铜、紫铜、橡胶、铝片等材料的整形器。对比发现,整形后的应力脉冲,均具有 200 μs 左右的前沿升时和光滑特性,容易保证应力的均匀性,但在形态方面存在差异,可主要归纳为类三角形和类半正弦形。为能准确地评判不同材料的整形效果,以指导后期工作,从数值模拟和频谱分析的角度出发全面地研究了三角形应力脉冲和半正弦应力脉冲在 Φ100 mm SHPB 试验中的弥散效应,并与传统的矩形应力脉冲进行了对比分析,同时指出了波形整形设计的目标,确定了本试验使用的整形器材料。

5.4.1 弥散效应

在 SHPB 的试验过程中,考虑质点的横向运动的惯性效应,针对半径为 r 的圆柱杆,Rayleigh[191]得到以下关系:

$$C_p = C_0 \left[1 - \nu^2 \pi^2 \left(\frac{r}{\lambda} \right)^2 \right] \tag{5.2}$$

式中,ν 为杆的泊松比;λ 为波长;$C_0 = \sqrt{\dfrac{E}{\rho}}$ 为初等理论计算波速。式(5.2)表明,相速 C_p 将随谐波频率的变化而变化,而任意形态的加载波均可由 Fourier 变换为不同频率的谐波的组合,故波形在传播过程中不能再保持原形而散开,出现了几何弥散现象。分析该式可知,在直径保持不变的情况下,应力脉冲中的高频成分对波形弥散影响很大,为能有效降低弥散效应,加载波成分应以低频波为主。

5.4.2 数值模拟[192]

LS-DYNA 是一款通用显式动力学有限元分析软件,适合求解各种非线性结构的高速碰撞、爆炸等冲击动力学问题。本书模拟的对象为应力脉冲在弹性杆中的传播过程。弹性杆长度为 10 m,直径为 100 mm。从保证数值模拟结果精度的角度出发,不对杆件进行二维简化和轴对称处理,利用程序中的 SOLID164 实体单元建立完整的弹性杆有限元模型,如图 5.5 所示。

计算中采用单点积分算法,同时施加沙漏黏性阻尼力以控制零能模式,该方法求解速度较快并在大变形条件下保证结果的正确性。材料采用线弹性本构模型:密度为 7 850 kg/m³,弹性模量 $E = 210$ GPa,泊松比为 0.3。对模型施加 3 种应力脉冲:矩形、三角形和半正弦应力脉冲,为保证可对比性,历时 τ、应力水平 σ_0 一致,

为 4×10^{-4} s，4×10^8 Pa，如图 5.6 所示。

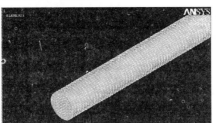

图 5.5　Φ100 mm 弹性杆有限元模型

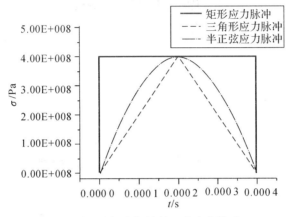

图 5.6　施加在杆端的 3 种应力脉冲

从波形振荡、前沿升时（指由应力脉冲的零点到达峰值所经历的时间）、应力峰值（σ_m）三方面对比研究了 3 种形态应力脉冲在 Φ100 mm 弹性杆中的弥散效应。

5.4.2.1　波形振荡

提取离杆端 1 m，3 m 和 5 m 处单元的应力脉冲波形数据，得到图 5.7。

由图 5.7 可以看出，三角形应力脉冲和半正弦应力脉冲在整个传播过程中均能很好地保持其原始形态，而不会发生像传统的矩形应力脉冲那样强烈的应力峰值波动现象。

5.4.2.2　应力脉冲前沿升时随传播距离变化的规律

图 5.8 给出了应力脉冲前沿升时增量 t_r 随传播距离 g 的变化曲线。

由图可知，3 种应力脉冲的前沿升时增量均随着传播距离的增加而逐渐增加，而且这种变化在传播早期尤其明显，之后逐渐趋于稳定。对比分析，就 t_r 变化程度而言，矩形应力脉冲的最高，三角形应力脉冲次之，半正弦应力脉冲的最低；而且后两者的变化曲线基本处于同一水平,相差不是很大,与矩形应力脉冲相比,变化幅度较小,更能控制其形态。

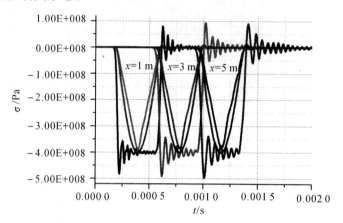

图 5.7　$x = 1\,\mathrm{m}, 3\,\mathrm{m}, 5\,\mathrm{m}$ 处应力脉冲的形态对比

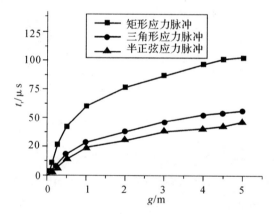

图 5.8　应力脉冲前沿升时增量随传播距离变化曲线

5.4.2.3　应力峰值随传播距离变化的规律

提取传播不同距离下的应力脉冲峰值数据,对矩形应力脉冲而言,指在波形振荡时应力峰值的波动上限 σ_1 和下限 σ_2,如图 5.9 所示。

对矩形应力脉冲而言,出现了波形振荡现象,σ_m 处于波动状态,且随着传播距离的增大,偏离原始输入应力峰值的幅度越大,尤其是在传播的早期尤为强烈。

对三角形应力脉冲而言,σ_m 随着传播距离的增大而在不断衰减,但这种衰减主要集中在距杆端 0.25 m 的范围之内。

而在半正弦应力脉冲的传播过程中,σ_m 在 4×10^8 Pa 上、下很小的范围内波动,传播的距离越远,偏离幅度越明显。

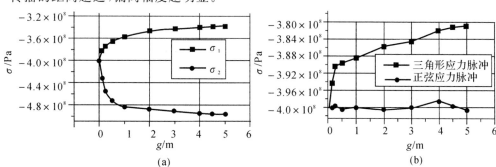

图 5.9 应力脉冲峰值随传播距离变化曲线
(a)矩形应力脉冲; (b)三角应力脉冲和半正弦应力脉冲

对比分析,定义应力峰值相对变化指标 $f = \dfrac{\Delta\sigma}{\sigma_0} \times 100\%$($\Delta\sigma = |\sigma_m - \sigma_0|$,对矩形应力脉冲而言,$\Delta\sigma = |\sigma_2 - \sigma_1|$)。当应力脉冲的传播距离为 1 m,3 m 和 5 m 时,得到相关数据见表 5.2。

表 5.2 不同传播距离下应力脉冲的 f 值

距离 /m 波形	1	3	5
矩形	31.49%	37.30%	39.48%
三角形	2.94%	3.86%	4.78%
半正弦形	0.19%	0.24%	0.51%

由此可见,从传播过程中应力峰值变化幅度的角度而言,矩形应力脉冲的最高,三角形应力脉冲次之,半正弦应力脉冲的最低,t_r 随传播距离的变化规律是一致的。

有学者[193-195]从其他角度得到了与本书相类似的以上 3 种应力脉冲在传播过程中的弥散规律,这验证了数值模拟的正确性。综合以上三方面的结论,可以知道传统的矩形应力脉冲的弥散现象比其余两种应力脉冲的要明显得多,但半正弦应力脉冲比三角形应力脉冲更能保持其原有的形态(前沿升时和应力峰值),可以有效地减少 Φ100 mm SHPB 中的弥散效应,提高试验精度,是岩石类非均质材料的理想加载波形。

5.4.3　频谱分析

从数值模拟中可知,3 种形态应力脉冲在弹性杆中传播表现出了不同程度的弥散效应,为深入探究原因,运用频谱分析的方法对 3 种应力脉冲信号进行 FFT 处理,将信号由时域变换到频域,分解为一系列不同频率的正弦信号的加权和,图 5.10 给出了各应力脉冲相对应的频谱图。

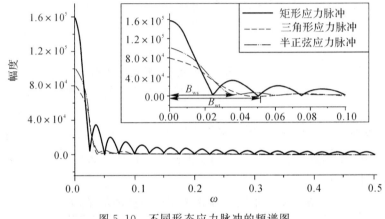

图 5.10　不同形态应力脉冲的频谱图

由图分析可知,各应力脉冲的频谱中的各条谱线的高度总的趋势是随着频率的增加而逐渐减小,矩形应力脉冲中谐波幅度减小的趋势较慢,谐波的成分中包含较多的高频波,相比而言,三角形应力脉冲和半正弦应力脉冲中的高频数随着频率的增加,很快地趋向于零;对比三角形应力脉冲和半正弦应力脉冲的频谱图可知,半正弦应力脉冲信号的频带宽度 B_{ws} 小于三角形应力脉冲信号的频带宽度 B_{wt},信号能量集中在更小的低频范围内,有利于消除弥散效应。

由 Fourier 变换中的尺度变换特性[196]可知,应力脉冲信号的带宽和信号的脉宽存在反比关系,两者的乘积是一常数,即 $B_w \times \tau =$ constant。随着 τ 的减小,幅度为零的谐波频率均升高,则主要谐波成分集中的低频段也会变大,导致弥散效应更加明显,故在 $\Phi100$ mm SHPB 试验中,对于同一种形态的应力脉冲而言,较大的脉宽也利于消除弥散效应。

综合以上分析可知,波形整形设计的理想目标为具有较宽历时的半正弦应力脉冲。对比试验表明,黄铜更适合作为本试验的整形器,且得到的应力脉冲较为稳定。

5.5 波形整形技术

SHPB 试验研究过程中,在入射杆打击面的中心粘贴 H62 黄铜波形整形器,如图 5.11 所示,整形器的厚度为 1 mm,直径分别为 20,22,25,27,30 mm。该技术对入射波形有明显的改善效果,如图 5.12、表 5.3 所示,未加波形整形器时,入射脉冲上升沿的升时仅有 90.30 μs,且上升沿过冲高达 25% 左右,很难保证试验结果的准确性;使用整形器后,入射脉冲的作用时间一般保持在 444.75~518.35 μs 之间,上升沿的升时可达 186.80~230.70 μs,即延长了 1~1.6 倍,且呈现类半正弦应力脉冲,使得试件在高速加载过程中有足够的时间达到应力均匀及恒应变率状态。此外,整形器的直径越小,入射脉冲上升沿升时的延长量就越大,试件的应力均匀性就越好,然而,应变率却越来越低,即这是以牺牲应变率为代价的。另外,波形整形技术还有助于解决弥散效应与惯性效应问题。图 5.13 给出了整形后的典型应力波形。

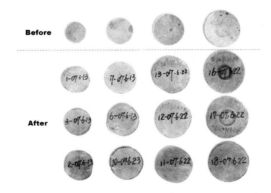

图 5.11　冲击前、后的 H62 黄铜波形整形器

**表 5.3　不同直径的 H62 黄铜波形整形器对入射脉冲
作用时间及上升沿升时的影响**

H62 波形整形器直径/mm	0	20	22	25	27	30
入射脉冲作用时间/μs	310.40	518.35	486.35	467.15	454.35	444.75
入射脉冲上升沿升时/μs	90.30	230.70	227.80	204.95	194.15	186.80

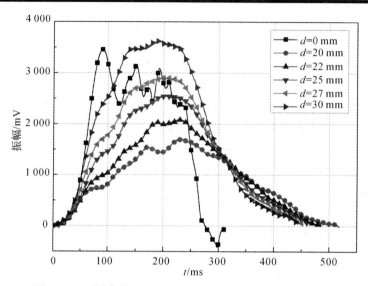

图 5.12　不同直径 H62 黄铜波形整形器所对应的入射波形

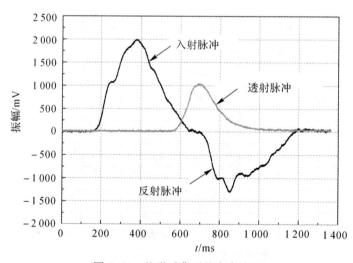

图 5.13　整形后典型的应力波形

5.6　试验有效性

为说明试验结果的可靠性,需要对 SHPB 试验的有效性进行分析,有效性主要包括两方面内容:应力均匀性和近似恒应变率加载。

5.6.1　应力均匀性

以部分试件的 SHPB 试验为例,根据应力均匀假设来分析试件在不同应变率下是否满足应力均匀分布的要求。可以直接将 $\varepsilon_i + \varepsilon_r$ 与 ε_t 进行比较,以直观地判断应力均匀情况,如图 5.14 所示;也可采用应力不均匀系数(dynamic stress nonequilibrium coefficient)δ 对 SHPB 试验应力均匀性问题进行定量描述,即

$$\delta = \frac{\int_0^{T_{tot}} (\varepsilon_i + \varepsilon_r)\, dt - \int_0^{T_{tot}} \varepsilon_t\, dt}{\int_0^{T_{tot}} \varepsilon_t\, dt} \tag{5.3}$$

式中,T_{tot} 为应力脉冲作用时间;其他变量的含义与式(5.1)中的一致。

如图 5.15 所示,对试件在 SHPB 试验过程中的应力均匀性进行分析,图中标出了试件的平均应变率与开始破坏时刻。不难看出,试件在开始破坏之前就已经达到应力均匀分布,且在整个应力脉冲作用过程中的绝大多数时间内保持应力均匀状态。

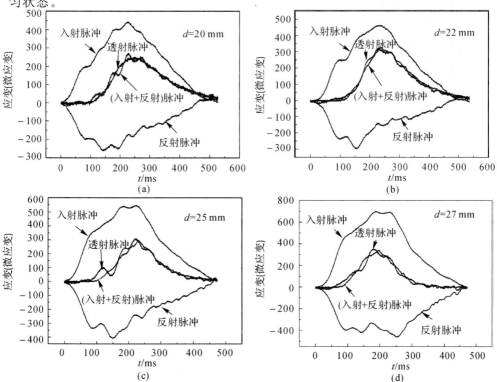

图 5.14　经不同直径的 H62 黄铜波形整形器整形后的应力脉冲

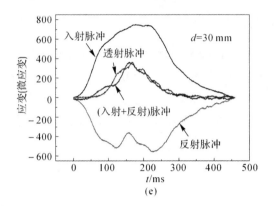

(e)

续图 5.14 经不同直径的 H62 黄铜波形整形器整形后的应力脉冲

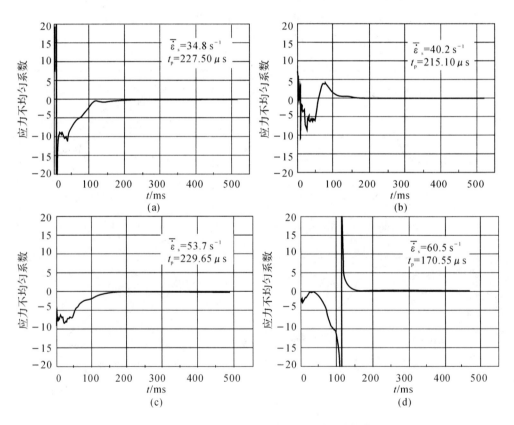

图 5.15 SHPB 试验中应力不均匀系数-时间曲线

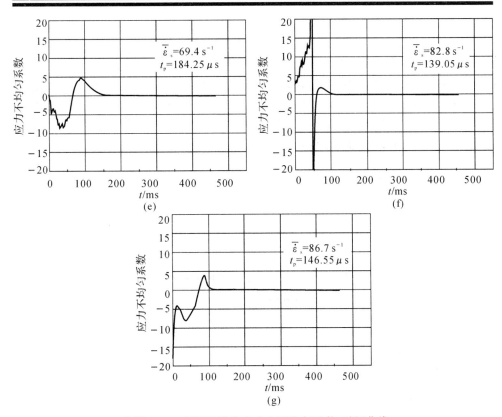

续图 5.15　SHPB 试验中应力不均匀系数-时间曲线

5.6.2　近似恒应变率加载

5.6.2.1　近似恒应变率的二波法估算

由式(5.1)可知试件的应变率 $\dot{\varepsilon}_s$ 为

$$\dot{\varepsilon}_s = \frac{c}{l_s}(\varepsilon_i - \varepsilon_r - \varepsilon_t) \tag{5.4}$$

根据试件中应力均匀假设,即 $\varepsilon_i + \varepsilon_r = \varepsilon_t$,将其代入式(5.4),得

$$\varepsilon_r = -\frac{l_s}{2c}\dot{\varepsilon}_s \tag{5.5}$$

式中,反射应变 ε_r 与 $\dot{\varepsilon}_s$ 的单位分别为 $\mu\varepsilon$(微应变),s^{-1}。

采用文献[197]的设计思想:根据反射波形的情况,合理地调整射弹速度,以保证反射波为平台波,从而实现恒应变率加载。因此,由内标定结果 4 mV 对应 1 $\mu\varepsilon$,可知近似恒应变率为

$$\bar{\varepsilon}_s = -\frac{cU_p}{2\,000l_s} \tag{5.6}$$

式中，U_p 为反射波平台电压，单位为 mV。

式(5.6)即为 SHPB 试验近似恒应变率的二波法估算公式。图 5.16 给出了材料 SHPB 试验恒应变率加载调试的实际过程，当弹速为 6.15 m/s 时，反射波近似为平台波，平台电压 $U_p \approx 750$ mV，通过式(5.6)估算 $\bar{\varepsilon}_s \approx 38.9$ s^{-1}（三波法计算结果为 39.9 s^{-1}），从而实现了 SHPB 试验近似恒应变率加载。

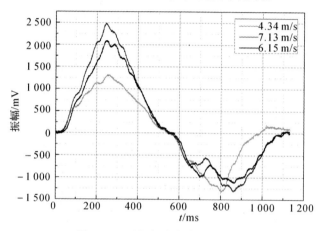

图 5.16　近似恒应变率加载过程

5.6.2.2　平均应变率与冲击速度的关系以及最佳近似恒应变率

采用 $\Phi100\times500$ mm 的圆柱形射弹，以若干个冲击速率完成材料的 SHPB 试验，分析结果见表 5.4 和表 5.5。通过图 5.17 对表中涉及的参数进行解释。图中给出了试件破坏前的应变率时程曲线，B 点对应的时刻为"试件开始破坏时刻 t_p"；AB 段被选定为应变率值上下振荡相对较为稳定的阶段，即近似恒应变加载阶段，该阶段的持续时间为近似恒应变率作用时间 T_c；T_c/t_p 为试件破坏前近似恒应变率加载时间比例；AB 段应变率的均值与变异系数分别为"平均应变率 $\bar{\varepsilon}_s$"与"变异系数 C_v"。

图 5.18 给出了玄武岩纤维增强地聚合物混凝土（BFRGC）、碳纤维增强地聚合物混凝土（CFRGC）的平均应变率 $\bar{\varepsilon}_s$（s^{-1}）与射弹冲击速度 v（m/s）之间的近似线性关系，即

$$\text{CFRGC：} \bar{\varepsilon}_s = 13.936v - 15.353 \quad \text{BFRGC：} \bar{\varepsilon}_s = 14.766v - 21.014 \tag{5.7}$$

表 5.4　CFRGC 近似恒应变率加载分析

波形整形器直径 d/mm	冲击速率 v/(m·s⁻¹)	试件开始破坏时刻 t_p/μs	近似恒应变率及其振荡范围/s⁻¹	近似恒应变率作用时间段/μs	近似恒应变率作用时间 T_c/μs	(T_c/t_p)/(%)	平均应变率 $\bar{\varepsilon}_s$/s⁻¹	变异系数 C_v/(%)	φ_{CF}/(%)
20	4.04	307.65	35±20	49.70~307.65	257.95	84	37.7	30.5	0
	4.47	283.25	40±15	56.75~249.85	193.10	68	42.1	21.4	0
	3.76	305.65	35±10	58.40~254.45	196.05	64	36.8	12.0	0.1
	3.56	322.45	35±10	55.15~257.70	202.55	63	38.5	15.2	0.2
	3.57	326.85	32.5±12.5	56.90~281.60	224.70	69	37.6	19.0	0.3
	3.82	319.10	40±10	76.30~272.75	196.45	62	42.0	11.8	0.3
22	4.44	262.15	45±10	53.40~225.25	171.85	66	46.4	11.4	0.1
	5.25	220.55	55±10	68.65~220.55	151.90	69	56.3	9.0	0.1
	5.17	219.85	50±10	64.65~219.85	155.20	71	48.8	14.8	0.2
	5.60	223.25	55±10	73.30~223.25	149.95	67	55.7	9.3	0.2
	4.56	264.50	45±15	56.80~255.15	198.35	75	50.2	16.6	0.3
25	5.61	220.30	50±10	80.05~220.30	140.25	64	52.0	10.1	0
	6.37	214.15	65±10	72.95~214.15	141.20	66	66.5	9.3	0
	5.35	204.95	60±10	66.10~204.95	138.85	68	62.2	11.5	0.1
	5.78	199.60	67.5±17.5	57.10~199.60	142.50	71	70.3	13.5	0.1
	5.83	211.65	65±20	64.45~211.65	147.20	70	67.3	17.0	0.2
	5.48	220.05	60±15	59.55~220.05	160.50	73	62.3	14.1	0.3

续表

波形整形器直径 d/mm	冲击速率 v/(m·s⁻¹)	试件开始破坏时刻 t_p/μs	近似恒应变率及其振荡范围/s⁻¹	近似恒应变作用时间段/μs	近似恒应变变率作用时间 T_c/μs	(T_c/t_p)/(%)	平均应变率 $\bar{\varepsilon}_s$/s⁻¹	变异系数 C_v/(%)	φ_{CF}/(%)
27	6.73	201.65	75±15	70.15~201.65	131.50	65	77.1	13.1	0
	7.27	200.25	80±20	68.50~200.25	131.75	66	83.5	12.6	0
	6.74	188.65	80±20	61.40~188.65	127.25	67	83.8	13.2	0.1
	6.62	173.15	70±15	55.70~173.15	117.45	68	76.8	13.7	0.2
	6.96	183.80	75±15	68.60~183.80	115.20	63	80.0	11.0	0.2
	5.78	242.90	70±15	84.50~242.90	158.40	65	72.3	10.6	0.3
	6.65	224.45	85±15	73.35~224.45	151.10	67	85.3	9.6	0.3
30	8.44	166.45	95±15	68.30~166.45	98.15	59	101.6	8.9	0
	8.04	172.00	95±15	72.50~172.00	99.50	58	95.0	7.8	0.1
	7.90	171.00	92.5±22.5	63.15~171.00	107.85	63	98.9	13.0	0.2
	7.68	169.10	90±20	58.70~169.10	110.40	65	93.3	13.3	0.3

表 5.5　31BG 近似恒应变率加载分析

波形整形器直径 d/mm	冲击速率 v/(m·s^{-1})	试件开始破坏时刻 t_p/μs	近似恒应变率及其振荡范围/s^{-1}	近似恒应变率作用时间段/μs	近似恒应变率作用时间 T_c/μs	(T_c/t_p)/(%)	平均应变率 $\bar{\varepsilon}_s$/s^{-1}	变异系数 C_v/(%)	φ_{CF}/(%)
20	4.04	307.65	35±20	49.70~307.65	257.95	84	37.7	30.5	0
	4.47	283.25	40±15	56.75~249.85	193.10	68	42.1	21.4	0
	3.90	271.70	35±10	55.70~225.20	169.50	62	36.6	14.4	0.1
	3.95	305.35	35±15	45.20~260.60	215.40	71	37.7	21.3	0.2
	4.30	295.75	35±15	49.35~263.90	214.55	73	40.3	20.1	0.2
	3.63	310.85	32.5±12.5	54.40~274.75	220.35	71	34.4	15.6	0.3
22	4.48	257.10	42.5±10	64.40~220.00	155.60	61	44.4	13.6	0.1
	4.80	245.60	50±15	52.95~231.70	178.75	73	51.9	14.5	0.2
	4.46	242.35	40±15	45.90~242.35	196.45	81	42.3	19.6	0.3
	5.35	234.70	52.5±12.5	67.45~234.70	167.25	71	55.0	10.5	0.3
	5.61	220.30	50±10	80.05~220.30	140.25	64	52.0	10.1	0
	6.37	214.15	65±10	72.95~214.15	141.20	66	66.5	9.3	0
25	5.17	228.90	55±15	66.70~228.90	162.20	71	55.3	13.8	0.1
	6.16	193.95	65±15	63.30~193.95	130.65	67	66.9	12.4	0.1
	5.19	233.05	60±20	58.80~233.05	174.25	75	64.5	18.0	0.2
	5.56	231.25	60±15	74.60~231.25	156.65	68	61.1	14.4	0.3

续 表

波形整形器直径 d/mm	冲击速率 v/(m·s⁻¹)	试件开始破坏时刻 t_p/μs	近似恒应变率及其振荡范围/s⁻¹	近似恒应变作用时间段/μs	近似恒应变作用时间 T_c/μs	(T_c/t_p)/(%)	平均应变率 $\bar{\varepsilon}_s$/s⁻¹	变异系数 C_v/(%)	φ_{CF}/(%)
27	6.73	201.65	75±15	70.15~201.65	131.50	65	77.1	13.1	0
	7.27	200.25	80±20	68.50~200.25	131.75	66	83.5	12.6	0
	6.10	218.25	70±20	80.90~218.25	137.35	63	74.0	14.7	0.1
	7.05	220.90	80±20	65.65~220.90	155.25	70	84.7	11.4	0.1
	6.15	243.10	75±20	75.15~243.10	167.95	69	77.3	15.4	0.2
	6.82	240.40	85±20	82.15~240.40	158.25	66	87.0	14.1	0.2
	6.16	229.85	70±20	68.50~229.85	161.35	70	75.8	14.6	0.3
30	8.44	166.45	95±15	68.30~166.45	98.15	59	101.6	8.9	0
	7.92	180.35	90±20	69.95~180.35	110.40	61	95.1	12.7	0.1
	7.83	175.85	90±20	70.10~175.85	105.75	60	96.0	12.5	0.2
	7.72	181.00	85±15	78.80~181.00	102.20	56	88.4	7.3	0.3
	8.07	176.00	95±15	75.50~176.00	100.50	57	99.6	8.6	0.3

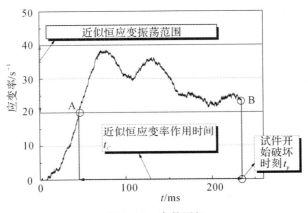

图 5.17　参数图解

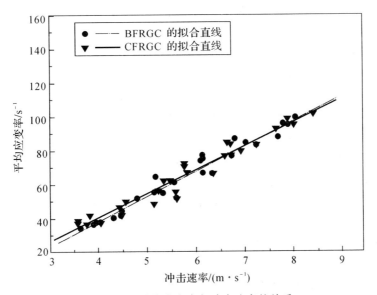

图 5.18　平均应变率与冲击速率的关系

　　在射弹与波形整形器材料确定的前提下,影响 SHPB 试验恒应变率加载的因素主要有两个:射弹的几何形状与尺寸、波形整形器的直径,且每种几何尺寸的射弹与整形器只能对应于一个最佳近似恒应变率[198]。材料在 SHPB 试验过程中达到的最佳近似恒应变率 $\bar{\varepsilon}_{s,optimum}$($s^{-1}$)与 H62 黄铜波形整形器直径 d(mm)之间的函数关系,可用下式表示:

$$\bar{\varepsilon}_{s,optimum} = 20.939e^{d/16.526} - 28.614(20\text{ mm} \leqslant d \leqslant 30\text{ mm}) \tag{5.8}$$

因此,为能有效地提高冲击力学性能测试的精度,应该从式(5.7)和式(5.8)两式对 v 和 d 加以控制。具体步骤如下:

(1)通过式(5.8),可根据试验需要的 $\bar{\varepsilon}_{s,optimum}$ 确定整形器直径 d;

(2)依据式(5.7)可确定弹速 v,但由于气压与 v 之间的关系受多重非可控因素的影响,因此需不断调整气压以达到理想的弹速。

5.7 小 结

本章介绍了 $\Phi100$ mm SHPB 试验过程中的波形整形技术,主要有下述结论。

(1)波形整形设计的理想目标为具有较宽历时的半正弦应力脉冲。对比试验表明,黄铜更适合作为本试验的整形器,且得到的应力脉冲较为稳定。

(2)厚度为 1 mm,直径分别为 20,22,25,27,30 mm 的 H62 黄铜波形整形器对应力波形有明显的改善效果,可将入射脉冲上升沿的升时延长 $1 \sim 1.6$ 倍,且呈现近似三角脉冲,使得材料在高速加载过程中有足够的时间达到应力均匀及恒应变率。此外,该技术还有助于解决弥散效应与惯性效应问题。

(3)提出应力不均匀系数,以定量描述材料 SHPB 试验的应力均匀性问题,经分析,试件在开始破坏之前就已经达到应力均匀分布,且在整个应力脉冲作用过程中的绝大多数时间内保持应力均匀状态。

(4)材料的平均应变率 $\bar{\varepsilon}_s(s^{-1})$ 与射弹冲击速度 $v(m/s)$ 之间的关系可近似用线性表述,即 31BG: $\bar{\varepsilon}_s = 14.766v - 21.014$;31CG: $\bar{\varepsilon}_s = 13.936v - 15.353$。此外,在 BFRGC 的 SHPB 试验过程中,试件达到相同应变率所需的冲击速度随着基体强度的提高而增大。

(5)材料的应变率对于 H62 黄铜波形整形器的直径很敏感,随着整形器直径的增大,最佳近似恒应变率也在增加,一个直径的波形整形器只能对应于一个最佳近似恒应变率。材料最佳近似恒应变率 $\bar{\varepsilon}_{s,optimum}(s^{-1})$ 与波形整形器直径 $d(mm)$ 之间的函数关系近似为 FRGC: $\bar{\varepsilon}_{s,optimum} = 20.939e^{d/16.526} - 28.614(20$ mm $\leqslant d \leqslant 30$ mm$)$。

第六章　玄武岩纤维增强地聚合物混凝土的静动力特性

6.1　玄武岩纤维概述

玄武岩纤维(Basalt Fiber,BF)是苏联经过 30 多年的研究开发出的一种高科技纤维,是"石头变丝"的非金属无机纤维。它是以天然玄武岩矿石作为原料,将其破碎后加入熔窑中,在 1 450~1 500℃熔融后,通过铂铑合金拉丝漏板制成的。它具有许多独特优点,如突出的力学性能、耐高温(可在−269~650℃ 范围内连续工作)、耐酸碱、吸湿性低、绝缘性好、绝热隔音性能优异、透波性能好等。以 BF 为增强材料制成的各种性能优异的复合材料,可广泛应用于消防、环保、航空航天、建筑、化工、医学、电子、农业等军工和民用领域[199],故 BF 被誉为"21 世纪的新材料"。近几年来,由于 BF 良好的综合性能和性价比,越来越被材料界和用户看好。

6.1.1　玄武岩纤维的发展历程

20 世纪 60 年代,苏联国防部下令开发 BF。1973 年,苏联新闻机构报道,采用天然矿物制造的 BF 得到广泛应用,这主要是指超细玄武岩棉的生产。60~70 年代,全苏玻璃钢与玻璃纤维科研院乌克兰分院根据苏联国防部的指令,着手研制玄武岩纤维[200]。乌克兰建筑材料工业部设立了专门的绝热隔音材料科研生产联合体,主要任务是研制玄武岩纤维及其制品制备工艺的生产线。联合体的科研实验室于 1972 年开始研制制备玄武岩纤维,曾经研制出 20 多种玄武岩纤维制品的生产工艺[201];1985 年连续玄武岩纤维研制成功并实现了工业化生产[200]。由此算起,连续玄武岩纤维在全世界的开发成功和批量生产的历史大约有三十几年。在 2002 年以前,苏联每年大约有 500 t 连续玄武岩纤维产品,主要用于军工行业。近几年来,美国、日本、德国等一些科技发达国家都加强了对 BF 这一新型非金属无机纤维的研究开发,并取得了一系列新的应用研究成果[202]。目前,俄罗斯与乌克兰在玄武岩纤维研究、生产及制品的开发上代表了世界的最高水平,且已开发了上百种玄武岩纤维产品。

我国开展 BF 的研究较晚,发展迟缓,但近几年,随着对其需求加大,BF 迎来了发展的黄金时期。20 世纪 90 年代中期,南京玻璃纤维研究设计院最早在中国开始 BF 的研究,专注于适合充当隔热材料的超细玄武岩纤维,主要用于战斗机的发动机外壳等军工用途[203]。王岚等(2001 年)[204]针对玄武岩熔点高,熔融体易结晶、漫流等问题,对普通玻璃纤维用铂金漏板中的漏嘴进行改进,制成了玄武岩纤维用的铂金漏板,有效地解决了料液在漏板上的析晶、漫流等问题,降低了拉丝工作的劳动强度,提高了产品成品率;李中郢等(2003 年)[205]通过研究玄武岩矿石的熔融体制取短纤维的工艺和设备,给出了矿石的熔融温度范围、拉丝的温度范围、喷吹短纤维的喷吹压力值和喷吹气流速度的范围,明确了玄武岩短纤维生产设备的构成;刘柏森等(2005 年)[206]针对玄武岩熔体透热性低,易结晶、拉丝黏度高等特性,研究了一种生产连续玄武岩纤维的池窑,保证了流入拉丝作业漏板的熔融体的质量和参数的稳定;闫全英(2000 年)[207-208]、胡琳娜(2003 年)[209]等也对玄武岩成型工艺中黏流性、高温黏度、析晶性能等在理论上进行了大量的研究。

近年来,我国科学技术部也对连续玄武岩纤维的研究给予了极大的关注和重视[210]。2001 年 7 月,我国原驻俄罗斯大使馆公使衔科技参赞黄寿增曾向国内发回了《21 世纪新材料——玄武岩纤维》的专题报告;2002 年 11 月,我国将"BF 及其复合材料"批准列为国家 863 计划(2002AA334110);2003 年,该 863 计划成果与浙江省民营企业对接,成立了横店集团上海俄金玄武岩纤维有限公司,现已掌握了玄武岩纤维生产所有工艺技术。2004 年 5 月,国家科技部分别将"玄武岩连续纤维及其复合材料"项目列入国家 863 计划和国家级火炬计划、国家科技型中小企业创新基金。2004 年开始在上海实现产业化,目前技术已经达到国内领先水平,部分技术达到国际先进水平和领先水平。2011 年 11 月,东南大学与南京市建邺区政府联合创建了玄武岩纤维国家地方联合工程研究中心,力争将其建成引领全国乃至国际玄武岩纤维关键技术研发、产业发展和人才集聚的先进平台。到 2012 年为止,全世界只有乌克兰、俄罗斯、中国 3 个国家拥有自主知识产权的技术,生产厂家不超过 22 家,我国约有 10 家。美国、日本、英国、法国等世界经济发达的国家至今没有该生产技术,尤其是对高技术纤维具有垄断地位的日本、美国,这些年来一直没有间断过对该项目的研究。

6.1.2 玄武岩纤维的基本性能

连续玄武岩纤维是一种新型增强材料,其外观一般为金褐色。由于它优越的物理、机械性能和抗化学腐蚀性,从技术和经济的观点讲,玄武岩纤维将在一些方面取代玻璃纤维和碳纤维作为增强材料,并将开辟新的应用市场。

(1)连续玄武岩纤维的化学性能。玄武岩纤维主要成分为 SiO_2,含量在 50%

左右。表 6.1 是玄武岩纤维主要成分的质量分数[211]。

表 6.1 BF 主要成分的质量分数 （单位：%）

SiO_2	Al_2O_3	CaO	MgO	TiO_2	Fe_2O_3+FeO	Na_2O+K_2O
51.6	14.6~18.3	5.9~9.4	3~5.3	0.8~2.25	9~14	3.6~5.2

BF 在酸碱性介质中具有稳定的化学性能。化学稳定性通常以受介质侵蚀前后的质量损失和强度损失来度量。表 6.2 是玄武岩连续纤维和 E 玻纤在不同介质中煮沸 3 h 后的质量损失率[212]。表 6.3 是两种纤维在不同介质中浸泡 2 h 后的强度保留率。数据表明 BF 的化学稳定性优于 E 玻纤。

表 6.2 不同介质中煮沸 3 h 后的质量损失率

（单位：%）

介质	玄武岩纤维	E 玻纤
H_2O	0.2	0.7
2N NaOH	5.0	6.0
2N HCl	2.2	38.9

表 6.3 不同介质中浸泡 2 h 后的强度保留率

（单位：%）

介质	玄武岩纤维	E 玻纤
H_2O	98.6~99.8	98.0~99.0
0.5N NaOH	83.8~86.5	52.0~54.0
2N HCl	69.5~82.4	60.0~65.2

（2）连续玄武岩纤维的物理力学性能。连续玄武岩纤维及其制品具有优良的物理性能，表 6.4 为 BF 与其他常见的非金属纤维物理性能的对比。数据表明，BF 的密度较高，拉伸强度与碳纤维相当，弹性模量高于 E 玻纤，耐热性能显著优于其他几种纤维。

表 6.4　BF 与其他纤维物理性能的比较

性　能	BF	S 玻纤	芳　纶	聚丙烯纤维
纤维直径/μm	8～15	8	12	45
密度/(g·cm^{-3})	2.65	2.54	1.45	0.91
拉伸强度/MPa	3 000～4 800	3 100～3 800	2 900～3 400	560～770
弹性模量/GPa	79.3～93.1	72.5～75.5	70～140	350 MPa
断裂伸长/(%)	3.1	4.7	2.8～3.6	8.2
最高使用温度/℃	650	300	250	160

（3）BF 的优越性。相对于玻璃纤维、矿棉纤维等纤维材料，BF 具有如下的优越性：良好的拉伸强度及增强效应，较高的耐腐蚀性和化学稳定性，良好的绝缘性能，耐高温和低温热稳定性，较高的弹性模量，天然的硅酸盐相溶性。

6.1.3　玄武岩纤维的强韧化技术

目前，对玄武岩纤维增强混凝土的研究和应用尚不多。国外，D. P. Dias 等（2005 年）[213]研究了玄武岩纤维掺量对玄武岩纤维增强无机聚合物水泥混凝土断裂韧度的影响，并将其与玄武岩纤维增强硅酸盐水泥混凝土的试验结果进行对比。结果表明，玄武岩纤维增强无机聚合物水泥混凝土具有更加优越的断裂性能，BFRC 试验结果见表 6.5。但当玄武岩纤维的体积掺量为 1% 时，玄武岩纤维增强硅酸盐水泥混凝土的准静态抗压强度、劈裂抗拉强度较素混凝土分别降低了 26.4%，12%，M. L. Berndt 等（2002 年）[214]也对体积掺量分别为 0%，0.5%，1%的 BFRC 及玄武岩纤维增强无机聚合物进行了研究。Zielinski 等（2005 年）[215]测试了玄武岩纤维增强水泥砂浆 28d 的抗折强度、抗压强度及塑性收缩，并给出了纤维的最佳掺量范围。

表 6.5　D. P. Dias 试验结果　　　　　（单位：MPa）

体积掺量/(%)	抗压强度	劈拉强度	抗折强度
0	23.1	2.5	9.6
0.5	22.2	2.7	12.5
1.0	17.0	2.2	14.0

国内，最早由胡显奇等（2004，2006 年）[216-217]对掺量分别为 0，0.84，1.14，

1.40 kg/m³ 的 BFRC 进行试验研究,认为掺玄武岩纤维 28d 龄期的抗压强度比不掺纤维提高 12.2%～14.8%,抗拉强度提高 12%～20%,冲击韧性提高 61.8%～70.2%。四川华神化学建材有限责任公司于 2003 年研究开发短切玄武岩纤维增强水泥混凝土,用于水电站特种混凝土的防渗抗裂、增强增韧以及混凝土向高性能化发展等,在实际工程应用中取得了很大的进展。

国家水泥混凝土制品质量监督检验中心(2006 年)[218]对体积质量为 0,1,3 kg/m³ 的 BFRC 进行试验,并与聚丙烯混凝土进行了对比,采用 ACI－544《纤维增强混凝土的性能测试》技术报告中推荐的抗冲击性能试验方法进行试验研究,试验结果见表 6.6。它表明玄武岩纤维混凝土具有良好的抗冲击性。

表 6.6　国家水泥混凝土制品质量监督检验中心试验结果

体积质量/(kg·m⁻³)	抗压强度比	抗折强度比	劈抗强度比	抗冲击性能/(kN·m)
1	0.928	0.938	0.983	1.33
3	0.994	1.019	1.012	2.10

广东工贸职业技术学院的姚立宁等(2006 年)[219]采用悬臂混凝土试样进行动力耗散的研究。他们对柔性玄武岩纤维混凝土的动力性能进行了研究。结果表明,柔性纤维混凝土与普通混凝土相比可以有较大的变形范围,有较高的承载能力和良好的动力性能,为工程应用打下必要的基础。

国家工业建筑诊断与改造工程技术研究中心的廉杰等(2007 年)[220]进行了短切玄武岩纤维增强混凝土力学性能的试验研究。通过与素混凝土试样的对比,认为掺加短切玄武岩纤维后,确实能有效提高混凝土的强度。其最大提高幅度达47.5%,增强效果与短切纤维体积质量、长径比的范围有很大关系。

贺东青等(2009 年)[221]通过力学性能对比试验,研究了短切玄武岩纤维对混凝土试件破坏模式及力学性能的影响。结果表明,短切玄武岩纤维混凝土的破坏呈明显的延性特征,玄武岩纤维显著提高了混凝土的抗弯拉强度和弯曲韧性,短切玄武岩纤维混凝土试件的弯拉强度较基体混凝土提高了 61.4%,其弯曲韧性指数是基体混凝土的 5.6 倍。

邓宗才等(2009 年)[222]对玄武岩纤维混凝土及素混凝土梁试件进行了系统的抗弯冲击性能试验。结果表明,玄武岩纤维在合理掺量下可以显著改善混凝土的抗弯冲击性能。

杨帆等(2010 年)[223]通过对比试验研究了玄武岩纤维对水泥基材料物理力学性能的增强效果,得到玄武岩纤维能在一定程度上提高水泥基材料的抗折和抗压强度的结论。试验进一步探讨了硅灰和减水剂在改善玄武岩纤维增强水泥基材料物理性能方面的效果。

徐勇等(2011 年)[224]制备了玄武岩纤维强化增韧的碱激发粒化高炉矿渣-粉煤灰-钢渣三元地聚合物胶凝材料。XRD 分析结果表明,玄武岩纤维的掺入对地聚合物的物相无明显影响,SEM 微观形貌表明,玄武岩纤维可均匀地嵌入地聚合物的基质中起到强化增韧作用。

何军拥等(2011 年)[225]通过试验研究了玄武岩纤维增强混凝土抗弯冲击性能。试验结果表明,在冲击荷载作用下,当纤维的体积质量为 $0.9 \sim 1.2 \mathrm{kg/m^3}$ 时,玄武岩纤维对混凝土的抗弯冲击性能增强效果最显著。相比聚丙烯纤维混凝土而言,玄武岩纤维混凝土的抗弯冲击性能改善更佳。

彭苗等(2012 年)[226]采用短切浸胶玄武岩纤维,按 0,1,2,3,4,5 $\mathrm{kg/m^3}$ 等不同纤维的体积质量制作玄武岩纤维混凝土试件,进行了抗压强度、劈裂强度和抗折强度试验,研究了不同掺量与强度之间的关系。试验结果表明,掺加玄武岩纤维后,混凝土抗压强度、劈裂强度和抗折强度提高较明显。

陈峰等(2013 年)[227]在高性能混凝土中掺入玄武岩纤维,配制玄武岩纤维高性能混凝土。通过正交试验分析了各影响因素对混凝土抗压强度、抗折强度和坍落度的影响程度,建立了玄武岩纤维高性能混凝土的力学性能和工作性的预测模型。

综上所述,BFRGC[228-230]是一种新型纤维增强混凝土,目前的研究大多集中于其基本的力学性能方面,对其在动态情况下的本构关系[231]研究得较少。而实际工程尤其是国防工程在设计时要考虑其承受变化剧烈的冲击载荷的可能性,必须了解混凝土材料的动态本构关系,对 BFRGC 冲击压缩本构关系的研究不仅可以为 BFRGC 在工程中的应用和有限元分析提供重要依据,使结构设计、计算和有限元分析精确合理,结构安全可靠、经济,而且对力学理论的发展也会起到推动作用,具有重要的现实意义和理论意义。基于此,本书在对混凝土动态本构关系基础理论进行分析和借鉴国内外相关研究成果的基础上,主要通过 SHPB 试验对 BFRGC 冲击压缩的本构关系进行研究,为进一步研究 BFRGC 的动态力学行为和 BFRGC 在国防工程领域的应用提供重要参考。

6.2 玄武岩纤维增强地聚合物混凝土的准静态力学特性

试验采用的玄武岩纤维由横店集团上海俄金玄武岩纤维有限公司生产,外观形状如图 6.1 所示,具体物理、力学性能指标见表 6.7。

图 6.1　玄武岩纤维

表 6.7　玄武岩纤维的物理、力学性能指标

单丝直径 μm	短切长度 mm	密度 kg·m^{-3}	杨氏模量 GPa	热传导率 W·(m·K)$^{-1}$	抗拉强度 MPa	断裂伸长率 %
15	18	2 650	93～110	0.03～0.038	4 150～4 800	3.1

地聚合物混凝土基体的配合比见表 6.8。

表 6.8　GC 配合比体积质量　　　　　　（单位：kg·m^{-3}）

基体材料	水胶比	矿渣	粉煤灰	体积砂率 %	液体硅酸钠/NaOH 质量比	28 d 立方体静态抗压强度 $f_{c,s}$ MPa
GC	0.26	300	100	40	3.5	56.4
	0.31	300	100	40	4.2	44.1
	0.38	300	100	40	6.7	26.2

　　按照表 6.8 中的配合比，分别制作水胶比为 0.26,0.31 和 0.38 地聚合物混凝土及玄武岩纤维的体积掺量 φ_{BF} 分别为 0.1%,0.2%,0.3% 的标准试件。

　　标准养护 28d 后，根据《普通混凝土力学性能试验方法标准》进行准静态力学性能试验，采用空军工程大学工程学院机场建筑工程系材料试验室的液压材料试验机（$p_{max}=2\ 000\ kN$）进行加载，试验加载速度为 0.5～0.8 MPa/s。

　　由于地聚合物混凝土内部、骨料周围及整个胶凝材料中布满了大小不同的微裂纹和微孔洞等损伤，因此，随着外荷载的不断增加，地聚合物混凝土材料内部产生了越来越多的裂纹，并由内而外不断扩展、贯通，形成可见裂缝，最终导致试件的完全破坏。试件的静压破坏形态如图 6.2 所示。

图 6.2　试件的静压破坏形态

　　玄武岩纤维增强地聚合物混凝土的每组掺量浇注 4 个试件,去除一个离散性较大的值,其余 3 个试件确保与中间值的误差小于 15%,最后取其平均值作为静态抗压强度,试验结果见表 6.9,静态抗压强度与纤维体积掺量的关系如图 6.3 所示。

表 6.9　BFRGC 的静态抗压强度　（单位:MPa）

φ_{BF}　　水胶比	0%	0.1%	0.2%	0.3%
0.26	56.4	53.0	48.0	52.8
0.31	44.1	48.9	55.7	58.0
0.38	26.2	28.6	31.3	32.2

　　从图 6.3 可以看出,水胶比为 0.26 的 BFRGC,掺入玄武岩纤维后其抗压强度降低,纤维体积掺量为 0.1% 和 0.2% 时,抗压强度呈近似线性下降趋势,为 0.3% 时抗压强度有所回升;水胶比为 0.31 和 0.38 的 BFRGC,抗压强度随着纤维体积掺量的增加呈近似线性提高趋势,纤维体积掺量为 0.3% 时,增长速度趋缓。

　　产生上述试验结果的原因:对于水胶比为 0.26 BFRGC,其本身密实性较好,掺纤维反而破坏原来的结构,随着纤维体积掺量的加大,搅拌过程中玄武岩纤维不易均匀分布于混凝土中,且部分黏结成团,在混凝土内部造成一些孔隙,从而降低了抗压强度;对于 0.31 和 0.38 的 BFRGC,玄武岩纤维与地聚合物混凝土的相容性较好,从而提高其抗压强度,纤维体积掺量为 0.3% 时,可能是纤维体积掺量偏大,部分黏结成团而没有发挥作用,减缓了提高幅度。

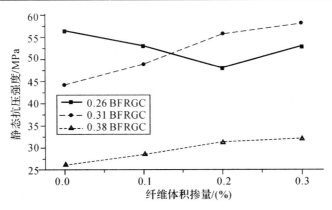

图 6.3　纤维体积掺量与 BFRGC 静态抗压强度的关系图

6.3　玄武岩纤维增强地聚合物混凝土的动力特性

圆柱体试件在标准养护 26d 后,即提前两天取出,留足够时间切割打磨,确保 28d 时可以做动力试验。随后,进行切割、水磨加工,以保证试件的平行度、光洁度及垂直度在标准范围内,具体有下述要求。

（1）切割。试验模型切片机是为 $\Phi100$ mm 试棒切片用的专用设备（见图 6.4）。

图 6.4　切割设备

试件切割时,需注意以下几点:

1）为了确保切割的准确度,需要仔细地测量并标注尺寸,试件之间留 4 mm 切割机的厚度。

2）为防止切割时试件崩边影响切片的效果,应用透明胶带裹紧圆柱体试件。

3）仔细校正被切圆柱体试件轴线和切割机切片的垂直度,并将圆柱体试件锁紧。

4）开动切割机后，应均匀用力切割圆柱体试件，确保试件表面的平整度，当切片接近切完时，人工接住快切下的试件，以提高切片的质量，减少试件打磨的工作量。

5）切割操作要注意安全，经常检查切割机的工作状态。

（2）打磨。试件打磨设备是用轻型铣床改装的专用于打磨混凝土等非金属材料的专用设备，是高速、高精度机床（见图6.5）。SHPB试验对试件的加工精度要求很高，试件表面不平行度应小于0.02mm。打磨时每次下5～7格，防止过大而崩边或损坏机器，宜循序渐进，切勿急躁。

试验用于SHPB试验的圆柱形试件的几何尺寸约为$\Phi 95 \times 50$ mm。BFRGC试件的制备及试验过程如图6.6所示。

图6.5　打磨设备

图6.6　BFRGC试件的制备及试验过程

(a)玄武岩纤维；　(b)BFRGC混合料；　(c)试件；　(d)冲击前；　(e)冲击后

测试水胶比分别为0.26，0.31，0.38，玄武岩纤维体积掺量分别为0%，0.1%，0.2%，0.3%的BFRGC冲击力学性能，并对其应变率效应以及玄武岩纤维对GC的强韧化效应进行分析。

6.3.1　水胶比为 0.26 的玄武岩纤维增强地聚合物混凝土动力特性

6.3.1.1　SHPB 试验有效性分析

SHPB 试验过程中，水胶比为 0.26 的玄武岩纤维增强地聚合物混凝土（26BG，下同）试件的应变率随加载时间的变化情况如图 6.7 所示（图中，平均应变率值后为变异系数，括号内的百分数为试件破坏前近似恒应变率加载时间比例；26GC 与 26BG1 表示水胶比为 0.26，玄武岩纤维体积掺量分别为 0% 与 0.1% 的 BFRGC，依此类推）。

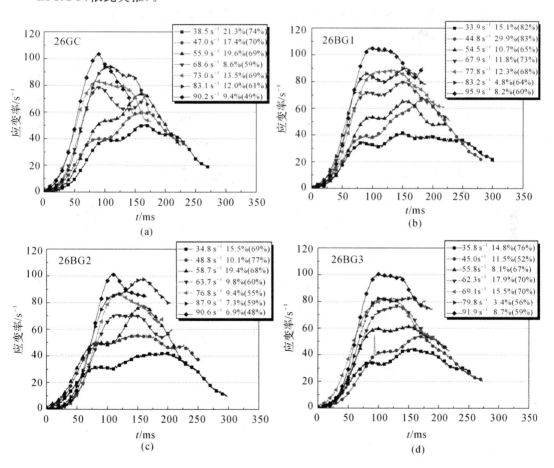

图 6.7　SHPB 试验过程中 26BG 试件的应变率时程曲线

从 26BG 的应变率时程曲线中分析可知,近似恒应变率加载的时间比例与变异系数的变化范围分别为 48%～83%,3.4%～29.9%,均值分别为 65%,12.6%。因此,26BG 的 SHPB 试验结果可靠。

6.3.1.2 应力-应变曲线与破坏形态

26BG 的应力-应变曲线如图 6.8 所示。试件在 SHPB 试验的高速加载过程中,首先要经历一个压实挤密阶段,该阶段往往需要 $0～120~\mu s$ 的时间,之后近乎是稳定的弹性阶段,直至峰值,最后进入软化阶段。图 6.9 所示为 26BG 试件在不同应变率下的破坏形态,在 $10～100~s^{-1}$ 应变率范围内,随着应变率的增加,试件的破坏形态依次为出现裂缝,但未断开($30～40~s^{-1}$);四周破碎,中间留有锥体($40～60~s^{-1}$);块状破碎($60～80~s^{-1}$);粉碎($80～100~s^{-1}$)。

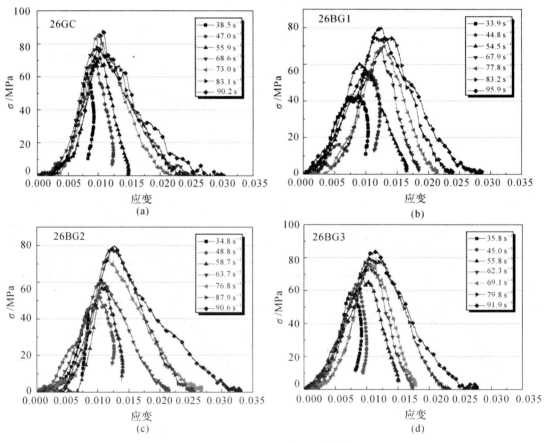

图 6.8　26BG 的应力-应变曲线

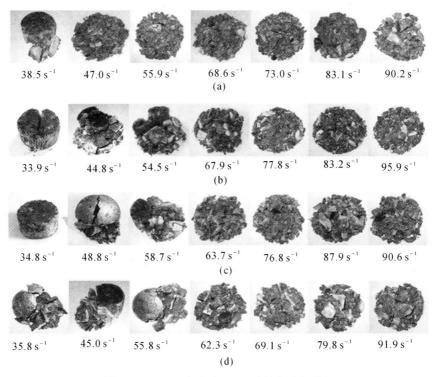

38.5 s⁻¹　47.0 s⁻¹　55.9 s⁻¹　68.6 s⁻¹　73.0 s⁻¹　83.1 s⁻¹　90.2 s⁻¹
(a)

33.9 s⁻¹　44.8 s⁻¹　54.5 s⁻¹　67.9 s⁻¹　77.8 s⁻¹　83.2 s⁻¹　95.9 s⁻¹
(b)

34.8 s⁻¹　48.8 s⁻¹　58.7 s⁻¹　63.7 s⁻¹　76.8 s⁻¹　87.9 s⁻¹　90.6 s⁻¹
(c)

35.8 s⁻¹　45.0 s⁻¹　55.8 s⁻¹　62.3 s⁻¹　69.1 s⁻¹　79.8 s⁻¹　91.9 s⁻¹
(d)

图 6.9　SHPB 试验后 26BG 试件的破坏形态
(a)26GC；　(b)26BG1；　(c)26BG2；　(d)26BG3

6.3.1.3　应变率效应

玄武岩纤维体积掺量分别为 0%,0.1%,0.2%,0.3% 的 26BG 的 28 d 立方体抗压强度分别为 56.4,53.0,48.0,52.8 MPa。表 6.10 为 26BG 的 SHPB 试验结果。其中,动态抗压强度 $f_{c,d}$ 为峰值应力;动态增长因子(Dynamic Increase Factor,DIF)为动态与准静态抗压强度之比;临界应变 ε_c,即峰值应力时刻的应变,表征材料的变形特性;比能量吸收 U,即单位体积吸收的能量,表征材料的能量吸收能力[232],可表示为

$$U = \frac{AEc}{A_s l_s} \int_0^T \left[\varepsilon_i(t)^2 - \varepsilon_r(t)^2 - \varepsilon_t(t)^2 \right] \mathrm{d}t \tag{6.1}$$

式中,T 为试件完全破坏时刻;其他参数及变量的含义与式(5.1)中一致。

动态抗压强度 $f_{c,d}$、临界应变 ε_c、比能量吸收 U 随平均应变率的变化情况如图 6.10 所示,具有显著的应变率相关性,且可近似线性表述。从图 6.10(b)中可以看出,随着应变率的增加,临界应变的增速低于图 6.10(a)中强度的增速。

表 6.10　26BG 的 SHPB 试验结果

玄武岩纤维体积掺量 φ_{BF}/（%）	试验序号	冲击速率 v/（m·s⁻¹）	平均应变率 $\bar{\varepsilon}_s$/s⁻¹	动态抗压强度 $f_{c,d}$/MPa	DIF	临界应变 ε_c（×10⁻³）	比能量吸收 U/（kJ·m⁻³）
0	26－07.12.27	4.70	38.5	62.2	1.10	8.20	174.4
	1－07.12.26	5.55	47.0	67.6	1.20	8.61	317.0
	7－07.12.26	5.92	55.9	73.3	1.30	9.44	393.2
	17－07.12.26	8.00	68.6	77.6	1.38	9.85	557.4
	11－07.12.26	7.34	73.0	86.5	1.53	9.96	658.1
	16－07.12.26	7.68	83.1	86.6	1.54	10.24	730.3
	24－07.12.27	8.67	90.2	88.6	1.57	10.71	785.4
0.1	2－08.1.2	4.65	33.9	44.6	0.84	8.80	235.4
	4－08.1.3	5.19	44.8	57.9	1.09	10.81	226.8
	7－08.1.2	5.88	54.5	60.8	1.15	9.06	447.3
	11－08.1.2	6.25	67.9	69.5	1.31	12.38	492.9
	20－08.1.2	6.88	77.8	70.7	1.33	12.88	574.6
	19－08.1.2	7.43	83.2	75.2	1.42	11.63	825.0
	22－08.1.2	8.81	95.9	81.0	1.53	12.34	917.7
0.2	1－08.1.7	3.94	34.8	44.5	0.93	8.18	79.7
	6－08.1.7	5.31	48.8	53.2	1.11	10.11	322.6
	7－08.1.7	5.18	58.7	58.4	1.22	10.74	243.6
	17－08.1.7	6.30	63.7	60.8	1.27	10.74	535.4
	18－08.1.7	7.40	76.8	73.0	1.52	11.67	714.2
	19－08.1.7	7.22	87.9	78.4	1.63	12.19	764.1
	24－08.1.7	8.67	90.6	80.0	1.67	12.65	932.0

续　表

玄武岩纤维体积掺量 $\varphi_{BF}/(\%)$	试验序号	冲击速率 $v/(m \cdot s^{-1})$	平均应变率 $\overline{\varepsilon}_s/s^{-1}$	动态抗压强度 $f_{c,d}/MPa$	DIF	临界应变 $\varepsilon_c(\times10^{-3})$	比能量吸收 $U/(kJ \cdot m^{-3})$
0.3	2—08.1.11	4.95	35.8	59.1	1.12	7.41	213.1
	4—08.1.11	5.07	45.0	64.7	1.23	8.57	244.8
	11—08.1.11	5.72	55.8	70.1	1.33	9.06	498.0
	13—08.1.11	6.37	62.3	78.0	1.48	10.28	517.5
	16—08.1.11	6.18	69.1	76.1	1.44	10.49	570.1
	18—08.1.11	7.42	79.8	80.9	1.53	10.45	853.3
	22—08.1.11	8.46	91.9	84.0	1.59	11.19	923.2

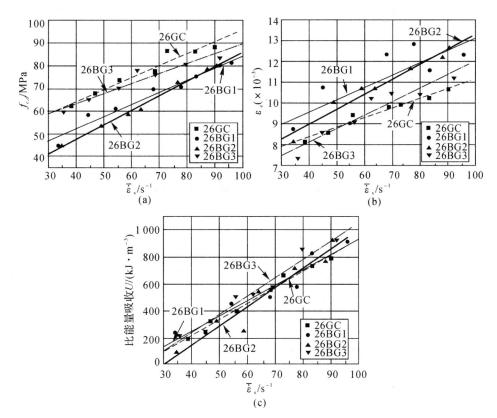

图 6.10　26BG 的冲击力学性能随平均应变率的变化

6.3.1.4　玄武岩纤维对水胶比为 0.26 的地聚合物混凝土的强韧化效应

根据冲击力学性能增长率的计算方法，获得图 6.11 所示 26BG 动态抗压强度、临界应变与比能量吸收增长率与平均应变率的关系曲线。

如图 6.11(a)所示，玄武岩纤维对 26GC 的增强效果不明显。纤维体积掺量分别为 0.1%，0.2%，0.3% 的 26BG 的动态强度较 26GC 反而有所降低，原因是 26GC 在冲击荷载作用下的破坏往往是由于石灰岩碎石发生了剪切破坏（见图 6.12）。这足以证明地聚合物胶凝材料与粗骨料之间具备优异的界面黏结强度，玄武岩纤维的掺入改变了原来的界面，从而导致了地聚合物-粗骨料界面强度特性的减弱。

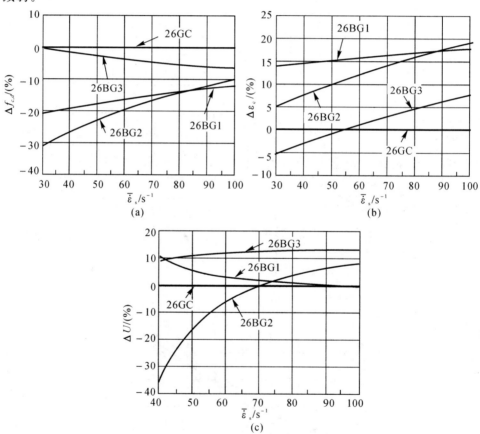

图 6.11　不同玄武岩纤维体积掺量的 26BG 冲击力学性能的对比

如图 6.11(b)所示,玄武岩纤维可以有效地提高 26GC 的变形能力,且效果随着应变率的增加而更加显著。当应变率为 $100~s^{-1}$ 时,纤维体积掺量分别为0.1%,0.2%,0.3%的 26BG 的临界应变增长率分别达到了 17.7%,19.1%与 7.7%。

如图 6.11(c)所示,玄武岩纤维对于 26GC 的能量吸收能力具有一定的改善效果。当纤维掺量为 0.1%时,$30~s^{-1}$ 下的 26BG 比能量吸收增长率为 10.5%,但随着应变率的增加,其相对于 26GC 的能量吸收优势减弱。纤维掺量为 0.2%与 0.3%的 26BG 相对于 26GC 的吸能优势随着应变率的增加而变得更明显,$100~s^{-1}$ 下的比能量吸收增长率分别为 8.0%与 13.2%。

综上所述,玄武岩纤维对于 26GC 的增强效果不明显,但可以有效地提高 26GC 的变形与能量吸收能力。以玄武岩纤维对 26GC 的能量吸收能力的改善效果作为衡量标准,玄武岩纤维的最佳体积掺量为 0.3%,可以将 26GC 的比能量吸收由$40~s^{-1}$提高 8.9%~13.2%($100~s^{-1}$)。

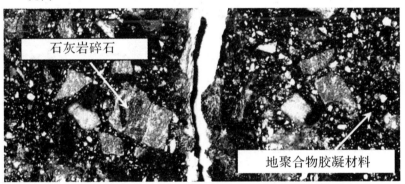

石灰岩碎石

地聚合物胶凝材料

图 6.12 SHPB 试验后 26GC 试件的断裂面

6.3.2 水胶比为 0.31 的玄武岩纤维增强地聚合物混凝土动力特性

6.3.2.1 SHPB 试验有效性分析

31BG 在 SHPB 试验过程中的应变率时程曲线如图 6.13 所示,经分析,近似恒应变率加载的时间比例与变异系数的变化范围分别为 56%~84% 和 7.3%~30.5%,均值分别为 67% 和 14.5%。从而较好地实现了近似恒应变率加载,保证了 31BG 的 SHPB 试验的有效性。

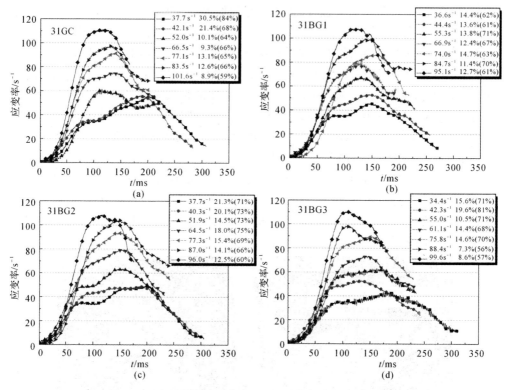

图 6.13　SHPB 试验过程中 31BG 试件的应变率时程曲线

6.3.2.2　应力-应变曲线

31BG 的应力-应变曲线如图 6.14 所示。

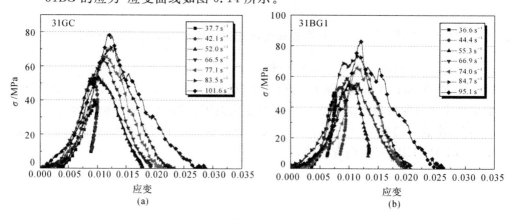

图 6.14　31BG 的应力-应变曲线

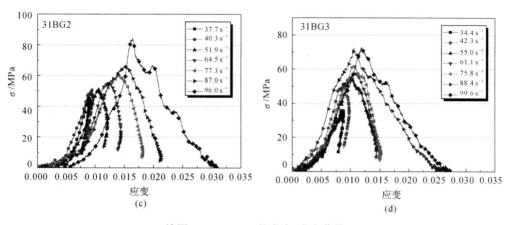

续图 6.14 31BG 的应力-应变曲线

6.3.2.3 应变率效应

玄武岩纤维体积掺量分别为 0％,0.1％,0.2％,0.3％ 的 31BG 的 28 d 立方体抗压强度分别为 44.1,48.9,55.7,58.0 MPa。表 6.11 为 SHPB 的试验结果。31BG 的动态抗压强度 $f_{c,d}$、临界应变 ε_c、比能量吸收 U 随平均应变率的变化情况如图 6.15 所示。从图中可以看出,它具有显著的应变率线性相关性,而且除 31BG2 之外,31BG 的临界应变随平均应变率的增加而线性增加的速率,低于强度的增速。

表 6.11 31BG 的 SHPB 试验结果

玄武岩纤维体积掺量 $\varphi_{BF}/（％）$	试验序号	冲击速率 $v/(m \cdot s^{-1})$	平均应变率 $\bar{\dot{\varepsilon}}_s/s^{-1}$	动态抗压强度 $f_{c,d}/MPa$	DIF	临界应变 $\varepsilon_c（\times 10^{-3}）$	比能量吸收 $U/(kJ \cdot m^{-3})$
0	27—08.1.22b	4.04	37.7	40.9	0.93	9.45	90.0
	1—08.1.20	4.47	42.1	53.7	1.22	9.33	135.7
	12—08.1.20	5.61	52.0	54.4	1.23	10.11	298.1
	13—08.1.20	6.37	66.5	64.2	1.46	10.73	412.7
	17—08.1.20	6.73	77.1	66.3	1.50	11.60	530.0
	19—08.1.20	7.27	83.5	71.1	1.61	12.32	618.8
	22—08.1.20	8.44	101.6	78.9	1.79	11.74	786.9

续表

玄武岩纤维体积掺量 $\varphi_{BF}/(\%)$	试验序号	冲击速率 $v/(m \cdot s^{-1})$	平均应变率 $\overline{\dot{\varepsilon}_s}/s^{-1}$	动态抗压强度 $f_{c,d}/MPa$	DIF	临界应变 $\varepsilon_c(\times 10^{-3})$	比能量吸收 $U/(kJ \cdot m^{-3})$
0.1	4—08.1.22	3.90	36.6	50.5	1.03	7.50	58.0
	6—08.1.22	4.48	44.4	53.7	1.10	8.64	161.6
	27—08.1.23	5.17	55.3	56.3	1.15	9.86	322.2
	15—08.1.22	6.16	66.9	59.4	1.21	9.90	444.6
	17—08.1.22	6.10	74.0	66.4	1.36	11.24	472.7
	19—08.1.22	7.05	84.7	73.9	1.51	11.56	673.1
	24—08.1.23	7.92	95.1	83.4	1.71	12.02	783.5
0.2	1—08.5.28	3.95	37.7	46.8	0.84	8.95	62.7
	2—08.5.28	4.30	40.3	51.1	0.92	9.43	112.0
	10—08.5.29	4.80	51.9	51.2	0.92	10.47	190.3
	11—08.5.28	5.19	64.5	56.1	1.01	12.06	276.3
	16—08.5.28	6.15	77.3	60.8	1.09	14.27	455.0
	18—08.5.28	6.82	87.0	66.6	1.20	15.29	579.3
	23—08.5.28	7.83	96.0	84.4	1.52	16.44	812.0
0.3	2—08.6.2	3.63	34.4	36.9	0.64	8.50	82.5
	6—08.6.2	4.46	42.3	51.6	0.89	8.76	167.9
	8—08.6.2	5.35	55.0	55.3	0.95	10.11	347.6
	12—08.6.2	5.56	61.1	58.1	1.00	10.56	398.1
	26—08.6.4b	6.16	75.8	62.4	1.08	10.61	433.4
	21—08.6.2	7.72	88.4	72.4	1.25	10.57	784.1
	22—08.6.2	8.07	99.6	72.8	1.26	11.83	769.2

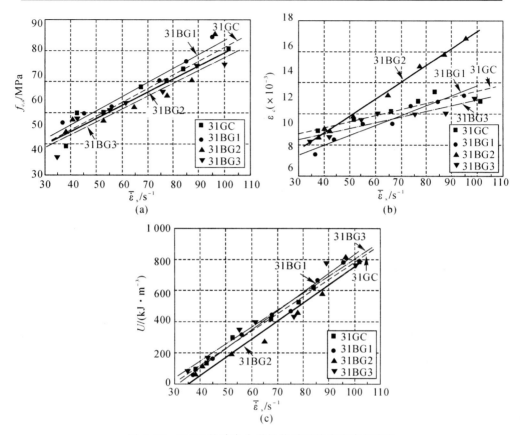

图 6.15 31BG 的冲击力学性能随平均应变率的变化

6.3.2.4 玄武岩纤维对水胶比为 0.31 的地聚合物混凝土的强韧化效应

图 6.16 给出了 31BG 的冲击力学性能增长率与平均应变率的关系曲线。

如图 6.16(a)所示,玄武岩纤维对于 31GC 的增强效果不明显。31BG1 的动态抗压强度较 31GC 提高了 4% 左右,而 31BG2 与 31BG3 的强度反而有小幅降低。

如图 6.16(b)所示,玄武岩纤维可以较好地改善 31GC 的变形特性。应变率高于 87 s^{-1} 时,31BG1 的变形能力优于 31GC,且临界应变增长率随应变率的增加而增加;应变率高于 44 s^{-1} 时,31BG2 相对于 31GC 在变形性能上的优势,随应变率的增加而增强,100 s^{-1} 时,31BG2 的临界应变比 31GC 高出 37.7%;31BG3 在变形能力上的优势发挥较慢。

如图 6.16(c)所示,玄武岩纤维对 31GC 的吸能特性具有一定的改善效果。应变率高于 56 s⁻¹时,31BG1 较 31GC 在吸能特性上的优势随应变率的增加而增强,100 s⁻¹时的比能量吸收增长率为 7.3%;31BG2 较 31GC 的吸能优势发挥得比较慢;40 s⁻¹时,31BG3 的比能量吸收比 31GC 高出 15.6%,但随着应变率的增加,比能量吸收增长率有减小的趋势。

综上所述,玄武岩纤维对于 31GC 的增强效果甚微,但对于变形与能量吸收能力具有一定的改善效果。从材料强度与变形的综合效应角度出发,以玄武岩纤维对 31GC 的能量吸收能力的改善效果作为衡量标准,玄武岩纤维的最佳体积掺量为 0.1%。

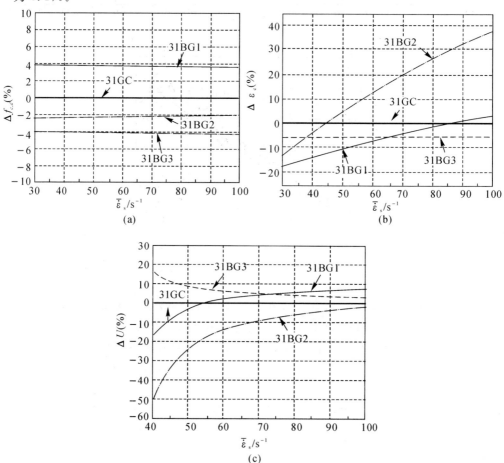

图 6.16　不同玄武岩纤维体积掺量的 31BG 冲击力学性能的对比

6.3.3　水胶比为 0.38 的玄武岩纤维增强地聚合物混凝土动力特性

6.3.3.1　SHPB 试验有效性分析

38BG 在 SHPB 试验过程中的应变率时程曲线如图 6.17 所示。经分析,近似恒应变率加载的时间比例与变异系数的变化范围分别为 57%～78% 和 3.9%～21.8%,均值分别为 67%,10.5%。从而,较好地实现了近似恒应变率加载,保证了 38BG 的 SHPB 试验的有效性。

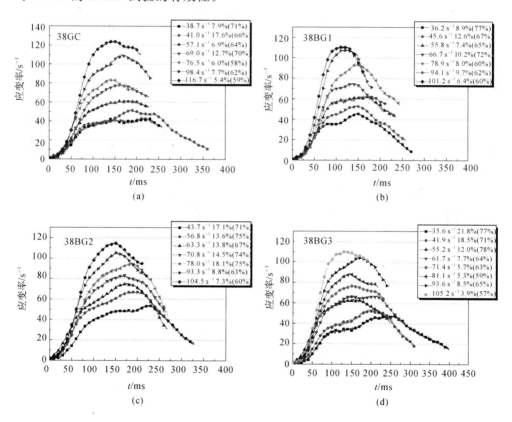

图 6.17　SHPB 试验过程中 38BG 试件的应变率时程曲线

6.3.3.2　应力-应变曲线

38BG 的应力-应变曲线如图 6.18 所示。

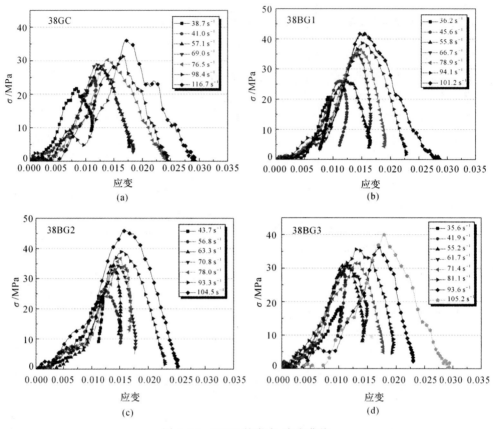

图 6.18　38BG 的应力-应变曲线

6.3.3.3 应变率效应

玄武岩纤维体积掺量分别为 0%,0.1%,0.2%,0.3%的 38BG,其 28 d 立方体抗压强度分别为 26.2,28.6,31.3,32.2 MPa。表 6.12 为 SHPB 试验结果。38BG 的动态抗压强度 $f_{c,d}$、临界应变 ε_c、比能量吸收 U 随平均应变率的变化情况如图 6.19 所示,具有显著的应变率相关性,且可近似线性表述。除 38BG3 之外,38BG 的临界应变随平均应变率的增加而线性增加的速率低于强度的增速。

表 6.12　38BG 的 SHPB 试验结果

玄武岩纤维体积掺量 $\varphi_{BF}/$（%）	试验序号	冲击速率 $v/(\mathrm{m\cdot s^{-1}})$	平均应变率 $\overline{\dot{\varepsilon}_s}/\mathrm{s^{-1}}$	动态抗压强度 $f_{c,d}/\mathrm{MPa}$	DIF	临界应变 $\varepsilon_c(\times10^{-3})$	比能量吸收 $U/(\mathrm{kJ\cdot m^{-3}})$
0	1−08.6.20	3.59	38.7	23.6	0.90	7.97	117.3
	4−08.6.23b	3.80	41.0	25.9	0.99	11.43	87.7
	6−08.6.20	4.39	57.1	28.9	1.10	11.78	216.4
	26−08.6.23b	5.10	69.0	30.7	1.17	11.95	233.9
	13−08.6.20	5.72	76.5	31.2	1.19	13.84	299.2
	19−08.6.23b	6.42	98.4	33.8	1.29	16.68	283.9
	22−08.6.20	7.74	116.7	36.9	1.41	17.14	423.2
0.1	2−08.7.1	3.51	36.2	21.1	0.74	9.27	50.8
	5−08.7.1	3.82	45.6	26.3	0.92	11.36	104.1
	8−08.7.1	4.46	55.8	27.0	0.94	12.10	189.6
	9−08.7.1	4.94	66.7	35.8	1.25	13.82	202.1
	12−08.7.1	5.60	78.9	37.0	1.29	14.93	289.7
	17−08.7.1	6.41	94.1	39.9	1.40	15.33	379.7
	22−08.7.1	7.09	101.2	42.2	1.48	15.64	454.8
0.2	1−08.6.30	3.69	43.7	25.3	0.81	11.33	81.8
	8−08.6.30	4.44	56.8	27.2	0.87	12.35	170.5
	9−08.6.30	4.74	63.3	35.3	1.13	13.62	153.5
	14−08.6.30	5.16	70.8	36.4	1.16	14.80	243.0
	17−08.6.30	5.60	78.0	38.3	1.22	15.10	223.6
	19−08.6.30	6.30	93.3	40.2	1.28	15.50	386.8
	23−08.6.30	7.18	104.5	46.7	1.49	15.95	549.0

续 表

玄武岩纤维体积掺量 $\varphi_{BF}/(\%)$	试验序号	冲击速率 $v/(\mathrm{m}\cdot\mathrm{s}^{-1})$	平均应变率 $\bar{\dot{\varepsilon}}_s/\mathrm{s}^{-1}$	动态抗压强度 $f_{c,d}/\mathrm{MPa}$	DIF	临界应变 $\varepsilon_c(\times10^{-3})$	比能量吸收 $U/(\mathrm{kJ}\cdot\mathrm{m}^{-3})$
	26—08.6.30b	3.55	35.6	19.6	0.61	10.25	59.4
	3—08.6.23	3.69	41.9	31.5	0.98	10.37	102.1
	10—08.6.30b	4.47	55.2	32.1	1.00	11.43	202.7
0.3	28—08.6.30b	4.74	61.7	32.3	1.00	12.13	225.1
	11—08.6.23	5.09	71.4	32.7	1.02	12.69	271.0
	20—08.6.30b	5.77	81.1	36.6	1.14	12.87	372.7
	17—08.6.23	6.28	93.6	37.5	1.16	17.09	308.5
	21—08.6.23	7.13	105.2	40.6	1.26	17.63	424.3

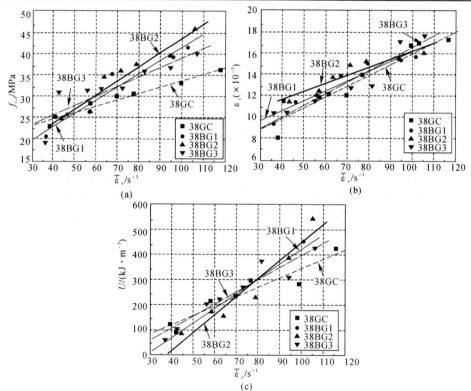

图 6.19　38BG 的冲击力学性能随平均应变率的变化

6.3.3.4　玄武岩纤维对水胶比为 0.38 的地聚合物混凝土的强韧化效应

图 6.20 给出了 38BG 的冲击力学性能增长率随应变率的变化曲线。

如图 6.20(a)所示,38GC 中加入玄武岩纤维后,动态抗压强度大幅提高。玄武岩纤维体积掺量分别为 0.1%,0.2% 与 0.3% 的 38BG 较 38GC 的强度优势随应变率的增加而增强,120 s^{-1} 时的动态抗压强度增长率分别达到了 30.1%,36.7% 与 18.1%。

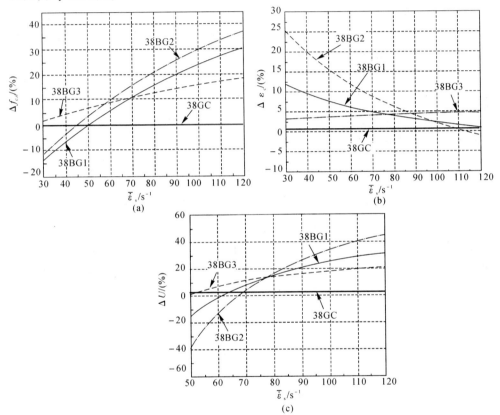

图 6.20　不同玄武岩纤维体积掺量的 38BG 冲击力学性能的对比

如图 6.20(b)所示,玄武岩纤维对 38GC 的变形特性具有明显的改善效果。30 s^{-1}时,玄武岩纤维体积掺量分别为 0.1%,0.2% 与 0.3% 的 38BG 的临界应变增长率分别为 10.9%,24.3% 与 2.1%;38BG1 与 38BG2 相对于 38GC 的变形性能优势随应变率的增加而减弱,38BG3 的临界应变增长率随应变率的增加而缓慢增加。

如图 6.20(c)所示,玄武岩纤维可以显著提高 38GC 的能量吸收能力。应变率高于 63 s^{-1}时,38BG1 较 38GC 在吸能特性上的优势随应变率的增加而增强,120 s^{-1}时的比能量吸收增长率为 29.2%;应变率高于 69 s^{-1}时,38BG2 较 38GC 的吸能优势随应变率的增加而增强,120 s^{-1}时的比能量吸收增长率为 42.7%;应变率高于 52 s^{-1}时,38BG3 较 38GC 在吸能特性上的优势随应变率的增加而增强,120 s^{-1}时的比能量吸收增长率为 19.0%。

综上,玄武岩纤维对于 38GC 的强度、变形与能量吸收能力均有明显的改善效果。其原因是相对于 26GC 与 31GC 来讲,38GC 的强度较低,其内部密实度也相对较低,在高速冲击荷载的作用下,很容易产生微裂纹,然而,掺入玄武岩纤维后,乱向随机分布的纤维可以有效地阻止微裂纹的产生与发展,从而使得玄武岩纤维-基体的整体力学性能得以充分发挥,因此,玄武岩纤维可以有效地提高 38GC 的冲击力学性能。综合考虑玄武岩纤维对 38GC 冲击力学性能的改善效果,玄武岩纤维的最佳体积掺量为 0.2%。

6.3.4 不同基体强度的纤维增强地聚合物混凝土动力特性的对比

6.3.4.1 强度特性

DIF 为动态抗压强度与准静态抗压强度之比。Ross 等人[233-234]对混凝土动态力学性能进行了系统、深入的研究,在对大量试验数据进行统计分析的基础上提出:混凝土材料在 $10 \sim 100$ s^{-1} 应变率范围内的 DIF 可由平均应变率的对数线性表示。因此,BFRGC 的 DIF 的应变率相关性可表述为

$$26BG：\quad DIF = \begin{cases} 0.015\ 8\lg \bar{\varepsilon}_s + 1.079 & 10^{-5} \leqslant \bar{\varepsilon}_s \leqslant 40.9s^{-1} \\ 1.322\lg \bar{\varepsilon}_s - 1.025 & 40.9 < \bar{\varepsilon}_s \leqslant 100s^{-1} \end{cases}$$

$$31BG：\quad DIF = \begin{cases} 0.009\ 18\lg \bar{\varepsilon}_s + 1.049 & 10^{-5} \leqslant \bar{\varepsilon}_s \leqslant 43.2s^{-1} \\ 1.118\lg \bar{\varepsilon}_s - 0.764 & 43.2 < \bar{\varepsilon}_s \leqslant 100s^{-1} \end{cases} \quad (6.2)$$

$$38BG：\quad DIF = \begin{cases} 0.018\ 0\lg \bar{\varepsilon}_s + 1.088 & 10^{-5} \leqslant \bar{\varepsilon}_s \leqslant 66.1s^{-1} \\ 1.227\lg \bar{\varepsilon}_s - 1.114 & 66.1 < \bar{\varepsilon}_s \leqslant 100s^{-1} \end{cases}$$

式中,40.9,43.2,66.1 s^{-1}分别为 26BG,31BG 与 38BG 的应变率敏感值。由此可以发现,BFRGC 应变率敏感值随基体强度的增加而降低,原因是基体强度越高,BFRGC 内部结构就越致密,致密的内部结构有助于应力从加载位置向材料内部高效传递,从而可以更快、更好地发挥 BFRGC 中玄武岩纤维与基体在冲击荷载作用下的整体强度特性。

图 6.21 反映了 BFRGC 的 DIF 随平均应变率的变化情况,当应变率达到各自的应变率敏感值后,DIF 迅速增加。目前,这种应变率硬化机理尚未能够很完善地从微观力学上得以解释。然而,根据 Bracc[235],Janach[236] 以及 Li[237] 等学者的分析,BFRGC 的应变率硬化效应宏观上可以看作材料由一维应力状态向一维应变状态转换过程中的力学响应。原因是 BFRGC 试件比较大,在 SHPB 试验中,试件内部的受力状态已不能准确地说是一维应力,特别是在试件的中心部位,在冲击荷载作用下,由于材料的惯性作用,试件的侧向应变受到限制而近似处于围压状态,并且应变率越高,这个限制作用越大,从而其强度随应变率的增加而增加。

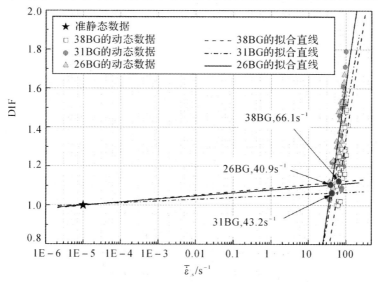

图 6.21　BFRGC 的 DIF 与平均应变率的关系

玄武岩纤维对不同基体强度的 BFRGC 的增强效果的对比情况见图 6.22。玄武岩纤维可以有效地改善 38GC 的冲击强度特性,且 38BG 相对于 38GC 的强度优势随着应变率的增加而增强。在 38GC 中掺入体积分数为 0.1%,0.2%,0.3% 的玄武岩纤维后,120 s^{-1} 时的动态抗压强度分别提高了 30.1%,36.7% 与 18.1%;而玄武岩纤维对于 26GC 与 31GC 的强度特性并无明显改善。

6.3.4.2　变形特性

如图 6.23 所示,BFRGC 在 10～100 s^{-1} 应变率范围内的临界应变 ε_c 为 0.7%～1.8%,表现出显著的应变率相关性,随应变率的增加而增加,且总体上近似呈二次多项式关系,即

$$26\text{BG:} \quad \varepsilon_c = -0.000\,490\,\overline{\dot{\varepsilon}}_s^2 + 0.125\,\overline{\dot{\varepsilon}}_s + 4.444$$
$$31\text{BG:} \quad \varepsilon_c = -0.000\,553\,\overline{\dot{\varepsilon}}_s^2 + 0.146\,\overline{\dot{\varepsilon}}_s + 3.903 \qquad (6.3)$$
$$38\text{BG:} \quad \varepsilon_c = -0.000\,360\,\overline{\dot{\varepsilon}}_s^2 + 0.152\,\overline{\dot{\varepsilon}}_s + 4.664$$

此外,从图 6.23(d)中还可以看出,随着基体强度的增加,BFRGC 的临界应变减小,且随应变率增加而增加的速率降低。原因是基体强度越高,说明混凝土材料内部就越密实,在高速冲击压缩荷载作用下,允许变形的内部结构空间就越小,从而导致了变形能力的降低。

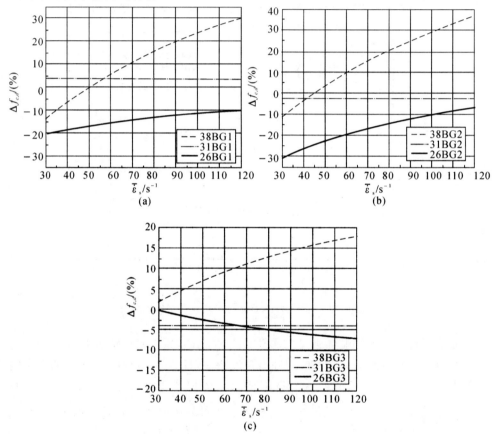

图 6.22　不同基体强度的 BFRGC 的动态抗压强度增长率随平均应变率的变化情况

图 6.24 给出了玄武岩纤维对不同基体强度的 BFRGC 的变形能力改善效果的对比情况。

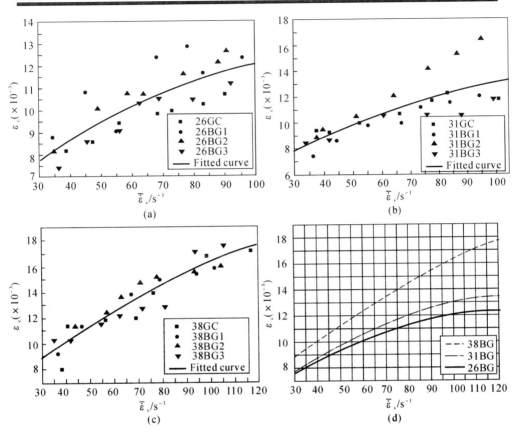

图 6.23　BFRGC 在 10～100 s^{-1} 应变率范围内的临界应变

如图 6.24(a)所示,当纤维体积掺量为 0.1%时,玄武岩纤维对于 3 个强度 GC 的变形能力均有一定改善效果。其中,31BG 与 26BG 相对于基体变形能力上的优势随着应变率的增加而愈发明显,120 s^{-1} 时的临界应变增长率分别为 7.0% 与 18.4%;38BG 的情况则相反,其临界应变增长率随着应变率的增加而减小。

如图 6.24(b)所示,当纤维体积参量为 0.2%时,玄武岩纤维可以更加有效地提高 GC 的变形能力。31BG 与 26BG 相对于基体变形能力上的优势随着应变率的增加而愈发明显,120 s^{-1} 时的临界应变增长率分别达到了 47.6% 与 21.7%;38BG 在 30 s^{-1} 时的临界应变增长率为 24.4%,但随着应变率的增加而不断减小。

如图 6.24(c)所示,当纤维体积参量为 0.3%时,随着应变率的增加,玄武岩纤维对于 38GC 与 26GC 变形能力的改善效果不断增强,120 s^{-1} 时的临界应变增长率分别为 4.0% 与 10.1%,而 31BG 的变形能力相对于基体无明显优势。

综上,玄武岩纤维对 GC 的变形能力具有一定的改善效果,纤维体积掺量为 0.2% 时,效果最佳。

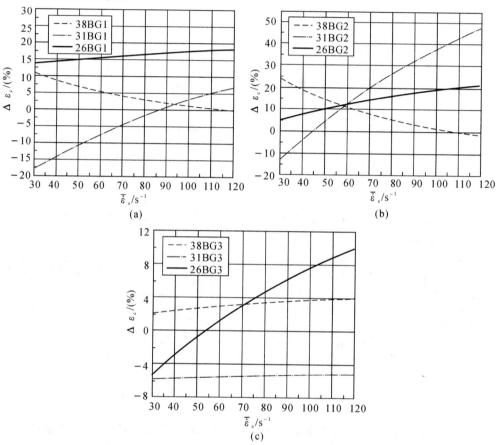

图 6.24　不同基体强度的 BFRGC 的临界应变增长率随平均应变率的变化情况

6.3.4.3　能量吸收特性

如图 6.25 所示,BFRGC 在 $10\sim100$ s^{-1} 应变率范围内的比能量吸收 U 为 $16.4\sim1\,328.4$ kJ/m^3,表现出显著的应变率相关性,随应变率的增加而增加,且总体上近似呈二次多项式关系,即

$$
\left.
\begin{aligned}
26\mathrm{BG}:&\quad U = 0.034\,6\,\overline{\dot{\varepsilon}}_s^2 + 8.355\,\overline{\dot{\varepsilon}}_s - 172.425 \\
31\mathrm{BG}:&\quad U = 0.019\,2\,\overline{\dot{\varepsilon}}_s^2 + 8.855\,\overline{\dot{\varepsilon}}_s - 266.519 \\
38\mathrm{BG}:&\quad U = -0.006\,57\,\overline{\dot{\varepsilon}}_s^2 + 6.106\,\overline{\dot{\varepsilon}}_s - 146.982
\end{aligned}
\right\}
\tag{6.4}
$$

此外,从图 6.25(d) 中还可以看出,随着基体强度的增加,BFRGC 的比能量吸

收增加,且随应变率增加而增加的速率增大。这就说明,基体强度越高,BFRGC吸收冲击能的效率就越高。

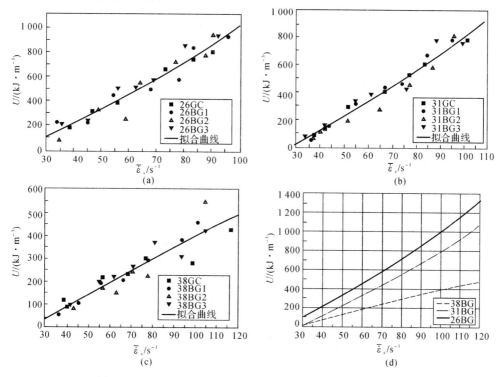

图 6.25　BFRGC 在 $10 \sim 100$ s^{-1} 应变率范围内的比能量吸收

图 6.26 给出了玄武岩纤维对不同基体强度的 BFRGC 的能量吸收能力改善效果的对比情况。

如图 6.26(a)所示,当玄武岩纤维体积参量为 0.1% 时,31BG 与 38BG 相对于基体的吸能优势随着应变率的增加而增强。120 s^{-1} 时,比能量吸收增长率分别达到了 8.3% 与 29.2%;40 s^{-1} 时,26BG 的比能量吸收增长率为 10.5%,但随着应变率的增加,吸能优势逐渐减弱。

如图 6.26(b)所示,当玄武岩纤维体积参量为 0.2% 时,26BG 与 38BG 相对于基体的吸能优势随着应变率的增加而增强。120 s^{-1} 时,比能量吸收增长率分别达到了 10.7% 与 42.7%,此时的玄武岩纤维对 31GC 的吸能特性无明显改善。

如图 6.26(c)所示,当玄武岩纤维体积参量为 0.3% 时,26BG 与 38BG 相对于基体的吸能优势随着应变率的增加而增强,120 s^{-1} 时,比能量吸收增长率分别达到了 13.4% 与 19.0%;40 s^{-1} 时,31BG 的比能量吸收增长率为 15.6%,但随着应变率的增加,吸能优势逐渐减弱。

综上,玄武岩纤维可以有效地改善 GC 的吸能特性,对 38GC 的能量吸收能力改善效果最明显,尤其是当纤维的体积掺量为 0.2% 时,38BG 在 120 s^{-1} 的吸能效率较 38GC 提高了 42.7%。

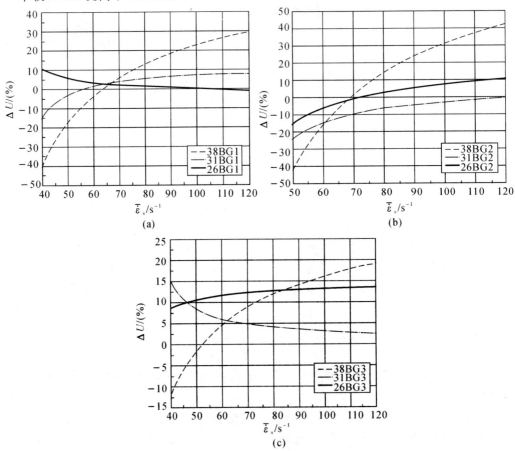

(a)

(b)

(c)

图 6.26　不同基体强度的 BFRGC 的比能量吸收增长率随平均应变率的变化情况

6.4　小　　结

本章采用 Φ100 mm SHPB 试验装置,测试了基体强度分别为 56.4,44.1, 26.2 MPa,玄武岩纤维体积掺量分别为 0%,0.1%,0.2%,0.3% 的 BFRGC 的动态强度、变形与能量吸收特性,并对其应变率效应以及玄武岩纤维对 GC 的强韧化效应和不同强度等级 GC 冲击力学性能的影响进行了分析。主要有下述结论。

（1）试件在破坏前，保持恒应变率加载是保证 SHPB 试验有效性的关键。通过对 BFRGC 试件破坏前近似恒应变率加载时间比例与变异系数的计算与分析，证明波形整形技术能够保证在试件破坏前的绝大多数时间内保持近似恒应变率加载，确保了 BFRGC 的 SHPB 试验结果的可靠性。

（2）BFRGC 的动态力学特性呈现出显著的应变率相关性，动态抗压强度、临界应变与比能量吸收均随应变率的增加而近似线性增加。其中，临界应变的增速一般低于强度的增速。

（3）以玄武岩纤维对 GC 能量吸收能力的改善效果作为衡量标准，对于 26BG，31BG 与 38BG 来讲，玄武岩纤维的最佳体积掺量分别为 0.3%，0.1% 与 0.2%。

（4）玄武岩纤维对于 26GC 与 31GC 的强度特性并无明显改善，但可以有效地提高 38GC 的冲击强度，在 38GC 中掺入体积分数为 0.1%，0.2%，0.3% 的玄武岩纤维后，120 s^{-1} 时的动态抗压强度分别提高了 30.1%，36.7% 与 18.1%。

（5）BFRGC 应变率敏感值随基体强度的增加而降低，26BG，31BG 与 38BG 的应变率敏感值分别为 40.9，43.2，66.1 s^{-1}。

（6）BFRGC 在 10～100 s^{-1} 应变率范围内的临界应变为 0.7%～1.8%，且变形能力随基体强度的提高而降低。

（7）玄武岩纤维对 GC 的变形能力具有一定的改善效果，纤维体积掺量为 0.2% 时，效果最佳。

（8）BFRGC 在 10～100 s^{-1} 应变率范围内的比能量吸收为 16.4～1 328.4 kJ/m³，且吸收冲击能的效率随基体强度的提高而增加。

（9）玄武岩纤维可以有效地改善 GC 的吸能特性，对 38GC 的能量吸收能力改善效果最明显，尤其是当纤维的体积掺量为 0.2% 时，38BG 在 120 s^{-1} 的吸能效率较 38GC 提高了 42.7%。

第七章 碳纤维增强地聚合物混凝土的静动力特性

7.1 碳纤维概述

碳纤维及其复合材料是伴随着军工事业的发展而成长起来的新型材料,属于高新技术产品,具有高比强度、高比模量、耐高温、耐腐蚀、耐疲劳、抗蠕变、导电、传热和热膨胀系数小等一系列优异性能。它既可作为结构材料承载荷载,又可作为功能材料发挥作用,非常适合国防工程的需要。因其卓越的性能,碳纤维合成材料近年来发展十分迅速,在航空、航天、汽车、环境工程、化工、能源、交通、建筑、电子、运动器材等众多领域得到了广泛的应用,被誉为是新世纪的新材料[238]。碳纤维对混凝土有明显的增强增韧效应,而且还具有耐腐蚀性、机敏性和屏蔽效应[239],把碳纤维混凝土应用到国防工程建设中,必将提高防护结构的各项性能指标,使国防工程建设得到加快,具有重要的军事意义。与此同时,碳纤维的应用领域的拓宽,将会推动我国碳纤维行业的发展,具有一定的社会经济价值。

7.1.1 碳纤维的基本性能

碳纤维重量轻且有特殊的强度(强度高于钢材 10 倍),弹性模量高,尺寸稳定,抗疲劳,阻尼特性好,耐高温,耐酸耐碱性能好,有导电性。特别是近年经研究改进,提高了冲击韧性及热稳定性,使碳纤维能经受正常气压下数千度的高温,价格也有明显降低,使碳纤维应用的大面积推广成为可能[240-241]。

按用途的不同,碳纤维可分为 5 个等级:①高模量纤维(模量大于 500 GPa);②高强度纤维(强度大于 3 GPa);③中等模量纤维(模量 100～500 GPa);④低模量纤维(模量 100～200 GPa);⑤普通用途短纤维(模量小于 100 GPa、强度小于 1 GPa)。

碳纤维独特的物理力学性能,使其在很多高新技术领域得以应用。等级①和②的高性能纤维用于飞机、宇航等要求重量轻、高强、高弹性模量领域;中等等级的纤维用于工业生产和高质量体育用品;而等级⑤的短纤维主要用于增强混凝土。

7.1.2　碳纤维的强韧化技术

将力学性能优异、化学性能稳定的碳纤维用于土木建筑的纤维复合材料是伴随着碳纤维的工业化而发展的。开始用作建筑材料时,由于价格非常高,实用化受到影响。到了 20 世纪 80 年代,由于使用石棉被强制限制,以及较便宜的沥青基碳纤维(短纤维)的开发,在土木、建筑方面开始得到实质性应用。80 年代后期,采用长纤维增强的各种 FRP 条、网及预浸带来代替钢筋和 PC 钢材的研究日益增多。自 1984 年由 Kajima 在伊拉克首次使用后,到目前为止,已有 30 多座大型建筑使用碳纤维增强混凝土外墙墙板,日本东京 ArkHolMori－Building 使用了 32 000 m² 的碳纤维增强混凝土墙板,每块墙板的尺寸为(1.47×3.76)m²。这些以含重量 3% 的纤维增强的混凝土外板可承受 630 kgf/m² 的风压,而且外墙可减轻 40% 的重量,大楼钢架整体重量减轻 400 t[242－244]。

与其他合成纤维相比较,碳纤维在混凝土中不仅可约束微裂纹的扩展,提高混凝土的抗裂性、抗渗性,减小收缩变形,而且可以明显地改善混凝土结构的物理力学特性,提高结构的抗震性和抗疲劳特性,这是由于碳纤维具有高弹性模量、高强度的缘故。90 年代开始,碳纤维增强水泥基材料的研究在国内掀起了热潮。

张其颖等(1995 年,2001 年)[245－246]利用添加复合剂的方法,发现碳纤维体积掺量(质量分数)为 3.3% 时,抗压、抗拉和抗弯性能均有明显的改善。

郭全贵等(1995 年)[247]利用干法制备了碳纤维水泥基复合材料,当纤维体积掺入 1% 时,抗折强度可提高近 1 倍;同时,他们还研究了碳纤维集束效应对复合材料界面的影响,指出了集束现象会使整体强度降低,韧性变差,性价比变小,突出说明了碳纤维均匀分散的重要性。

王秀峰等(1997 年)[248]对碳纤维增强水泥基复合材料也作了详细的研究,用长度为 6mm 的碳纤维进行复合,在体积百分数为 1.18% 时性能达到最佳,抗弯强度和劈裂拉伸强度可分别提高 72% 和 122%。

丁庆军等(1998 年)[249]对 MDF 水泥进行了碳纤维的增强研究,认为当水灰比为 0.2,PVA 体积掺量为 9%,长径比为 $5/8×10^{-3}$,体积掺量为 8% 时,复合性能达到最优,提高了抗折强度,增加了断裂韧性。

邓宗才等(2000 年)[250]用压缩韧性指数衡量了碳纤维对混凝土韧性的增强、增韧作用,发现碳纤维混凝土的压缩韧性指数明显大于基准混凝土(增加59%～110%),并且随着碳纤维掺量的增加,变形能力增强,承载能力增加。

周梅等(2004 年)[251-252]在混凝土中掺入 0.25%(体积分数)的碳纤维,使 7d 的抗折性能提高了 20%,28d 的抗折性能提高了 18%。

柯开展等(2006年)[253]对短切碳纤维活性粉末混凝土的最佳配合比试验进行了研究。

杨雨山等(2007年)[254]研究了碳纤维体积掺量分别为0.5%,0.7%,1.0%时轻骨料混凝土强度变化特征及其强度与龄期的变化关系,为在轻骨料混凝土中利用碳纤维来改善力学性能的研究提供了依据,指出碳纤维掺量为0.5%的轻骨料混凝土性能最稳定,为最佳掺量。

杜向琴等(2007年)[255]研究表明在掺量不太大的情况下,纤维的加入可使混凝土的抗压强度和劈拉强度提高达16%和25%之多,充分体现了碳纤维在提高混凝土强度方面的优势。综合经济性进行分析,在路面设计和施工中,碳纤维的合理掺量宜为0.2%~0.3%。

何建等(2007年)[256]对轻骨料(陶粒)碳纤维混凝土和轻骨料混凝土单轴抗压试验的结果进行分析和对比,发现掺入质量比为5%的碳纤维后,轻骨料混凝土的抗压强度提高2%~3%,弹性模量也有所增大。

许金余等(2008年)[257]采用分离式霍普金森压杆试验装置,研究了不同体积掺量的碳纤维混凝土在多个应变率条件下的动态压缩力学性能,得到了应力-应变曲线。结果表明碳纤维的加入增强了混凝土的抗冲击性能。

高向玲等(2008年)[258]通过试验研究了碳纤维对于混凝土的力学性能改善所起的作用。结果表明,0.2%碳纤维的混凝土抗拉强度的提高大于抗压强度。

狄生奎等(2009年)[259]应用试验手段,制备了3种不同碳纤维掺量和不掺碳纤维的混凝土试件,对其在0,30,60,90次冻融循环条件下抗压强度和抗拉强度进行了对比试验。结果表明,碳纤维的掺加能提高混凝土的抗压强度和抗拉强度,掺量的大小与强度增加量的大小呈增函数关系,碳纤维的掺加能够降低混凝土在冻融条件下强度的损失率。

张彭成等(2009年)[260]采用一种新的碳纤维自分散工艺和专用分散设备制备出了掺量达胶结材质量8%的碳纤维增强活性粉末混凝土,研究了碳纤维掺量对活性粉末混凝土的力学性能影响规律。

吴菁等(2009年)[261]结合碳纤维混凝土单丝拔出实验应用扫描电镜观测了碳纤维与混凝土基体界面处的不同破坏形式。结果表明:在单丝拉拔过程中,随着界面应变的增大,试样出现纤维拔出、纤维断裂和界面脱粘的情况。

任彦华等(2010年)[262]通过试验,对短切碳纤维混凝土的抗压强度、劈拉强度、静力受压弹性模量、泊松比等进行了试验,并和未掺短切碳纤维的普通混凝土的基体做了比较和分析,据此研究分析了一定基体混凝土强度下不同碳纤维体积分数对混凝土力学性能等变化的影响。

徐丽丽等(2011 年)[263]分析了碳纤维增强轻骨料混凝土抗压强度的基本规律。试验结果表明,碳纤维的加入能提高混凝土的抗拉性能,但抗压强度并不随着碳纤维加入量的增加而增大。

许金余等(2011 年)[264-265]制备了碳纤维增强地聚合物混凝土和碳纤维增强普通硅酸盐混凝土,并对其静动力学特性进行了深入的研究。

周乐等(2013 年)[266]基于试验探讨了短切碳纤维掺量对混凝土抗压强度的影响,并得出了碳纤维最佳掺量值;同时对碳纤维混凝土在不同碳纤维掺量条件下,受压破坏全过程和混凝土试块裂缝出现及发展进行了对比分析。

国外关于碳纤维混凝土材料性能的研究起步较早。D. D. L. Chung 等(1993— 2002 年)[267-273]对碳纤维增强水泥、碳纤维增强混凝土做了全面而且深入的研究工作,他们研究了用于碳纤维分散的多种分散剂的分散效果,研究了碳纤维经表面处理后的增强作用,研究了碳纤维水泥基复合材料的导电性、机敏性、热电性以及该性能的应用。有文献[274]指出,日本的 Taiset 公司与东邦人造公司(1995 年)共同研制了强度较高的碳纤维强化水泥,按重量计掺入 15% 碳纤维,强度可达 245MPa,而掺入 20% 强度高达 548.8MPa,是过去生产的 CFRC 强度的10～20 倍。M. Mabmoud(2001 年)[275]研究表明碳纤维具有较高的抗拉强度和弹性模量,能显著提高水泥基复合材料的抗拉强度、抗弯强度和断裂韧性。

7.2 碳纤维增强地聚合物混凝土的准静态力学特性

试验采用的沥青基短切碳纤维由日本东丽公司生产,外观形状见图 7.1,具体物理、力学性能指标见表 7.1。

图 7.1 碳纤维

表 7.1   碳纤维的物理、力学性能指标

单丝直径 μm	短切长度 mm	密度 kg·m^{-3}	杨氏模量 GPa	抗拉强度 MPa	断裂伸长率 %
7	6	1 760	200	>3 000	1.5

在水胶比为 0.31 的基体 GC 中分别掺入碳纤维体积掺量 φ_{CF} 为 0%，0.1%，0.2%，0.3%，形成不同体积掺量的 CFRGC，为便于分析，分别以 31GC，31CG1，31CG2，31CG3 表示。

表 7.2 列出了 CFRGC 的静态压缩试验结果。

表 7.2   静压试验结果

编 号	31GC	31CG1	31CG2	31CG3
φ_{CF}/（%）	0	0.1	0.2	0.3
实测抗压强度/MPa	44.1	56.6	55	56.6

从试验数据来看，CFRGC 的静态力学性能相对于 GC 的静态力学性能有较大提高，抗压强度最大升幅约为 28%，很好地证明了碳纤维的增强效果。但随着纤维掺量继续增加，抗压强度增长并不明显。

7.3   碳纤维增强地聚合物混凝土的动力试验

采用 Φ100 mm SHPB 试验装置，得到不同掺量的 CFRGC 在不同应变率下的动态抗压力学响应。

7.3.1   SHPB 试验有效性分析

CFRGC 在 SHPB 试验过程中的应变率时程曲线如图 7.2 所示，经分析，近似恒应变率加载的时间比例与变异系数的变化范围分别为 58%～84% 和 7.8%～30.5%，均值分别为 67% 与 13.3%。从而，较好地实现了近似恒应变率加载，保证了 CFRGC 的 SHPB 试验的有效性。

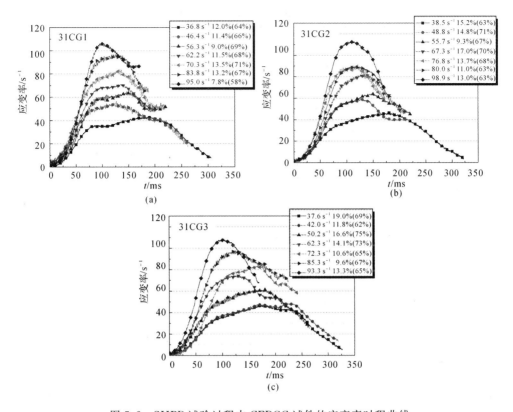

图 7.2　SHPB 试验过程中 CFRGC 试件的应变率时程曲线

7.3.2　应力-应变曲线与破坏形态

表 7.3 列出了 CFRGC 的 SHPB 试验结果,从表中可以看出,在相同纤维体积掺量情况下,随着应变率的增加,CFRGC 的抗压强度也随之增大,说明 CFRGC 是一种率敏感材料。

SHPB 试验的应力-应变曲线如图 7.3 所示。

图 7.4 为 SHPB 试验后,CFRGC 试件的破坏形态。

表7.3 CFRGC 的 SHPB 试验结果

纤维体积掺量 φ_{CF}/(%)	试件编号	平均应变率 $\bar{\varepsilon}_s$/s^{-1}	动态抗压强度 $f_{c,d}$/MPa	DIF	临界应变 ε_c/($\times 10^{-3}$)	比能量吸收 U/(kJ·m^{-3})	混合模量 E_c	试件破坏形态
0	1	37.7	40.9	0.93	9.45	90.0	9.80	留芯,外围剥落
	2	42.1	53.7	1.22	9.33	135.7	13.66	留芯,外围剥落
	3	52.0	54.4	1.23	10.11	298.1	11.41	块状破碎
	4	66.5	64.2	1.46	10.73	412.7	11.92	块状破碎
	5	77.1	66.3	1.50	11.60	530.0	10.61	严重破碎
	6	83.5	71.1	1.61	12.32	618.8	10.17	严重破碎
	7	101.6	78.9	1.79	11.74	786.9	12.00	粉碎
0.1	1	36.8	37.65	0.67	8.54	88.7	12.38	留芯,外围剥落
	2	46.4	43.24	0.76	9.80	156.8	10.06	留芯,外围剥落
	3	56.3	45.96	0.81	9.69	352.8	10.97	块状碎裂
	4	62.2	55.19	0.98	9.88	421.3	12.60	块状碎裂
	5	70.3	58.99	1.04	11.19	435.4	10.37	严重破碎
	6	83.8	63.79	1.13	11.96	598.9	9.87	严重破碎
	7	95.0	65.87	1.16	11.38	773.6	11.20	严重破碎
0.2	1	38.5	34.54	0.63	9.21	68.8	7.66	留芯,外围剥落
	2	48.8	56.01	1.02	9.36	365.5	12.02	块状碎裂
	3	55.7	56.9	1.03	9.58	399.7	11.66	块状碎裂
	4	67.3	66.4	1.21	10.00	473.0	12.53	严重破碎
	5	78.8	69.7	1.27	10.01	609.5	13.13	严重破碎
	6	80.0	72.32	1.31	10.62	645.2	12.22	粉碎
	7	98.9	84.02	1.53	12.12	749.1	11.32	粉碎
0.3	1	37.6	34.24	0.60	9.44	64.0	10.25	留芯,外围剥落
	2	42.0	36.62	0.65	10.10	117.5	9.16	留芯,外围剥落
	3	50.2	42.09	0.74	10.91	180.1	8.75	留芯,外围剥落
	4	62.3	54.34	0.96	11.03	378.4	11.02	块状碎裂
	5	72.3	55.38	0.98	12.91	483.6	8.13	块状碎裂
	6	85.3	56.9	1.01	13.00	560.4	8.25	块状碎裂
	7	93.4	77.04	1.36	11.82	719.2	13.47	粉碎

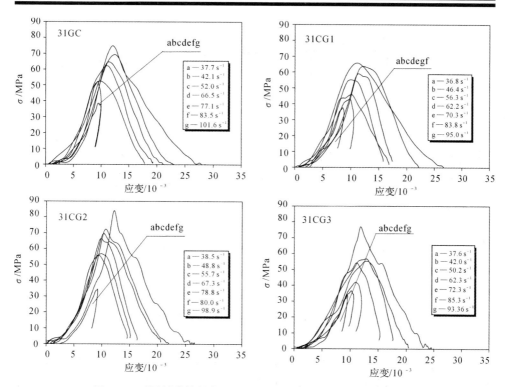

图 7.3 不同纤维掺量的 CFRGC 的 SHPB 试验应力-应变曲线

图 7.4 SHPB 试验后 CFRGC 试件的破坏形态

(a)31GC; (b)31CG1;

38.5 s⁻¹　48.8 s⁻¹　55.7 s⁻¹　67.3 s⁻¹　76.8 s⁻¹　80.0 s⁻¹　98.9 s⁻¹

(c)

37.6 s⁻¹　42.0 s⁻¹　50.2 s⁻¹　62.3 s⁻¹　72.3 s⁻¹　85.3 s⁻¹　93.3 s⁻¹

(d)

续图 7.4　SHPB 试验后 CFRGC 试件的破坏形态

(c)31CG2；　(d)31CG3

7.4　碳纤维增强地聚合物混凝土的动力特性

根据应力-应变曲线和基础数据，对试验结果进行了定性分析，对 4 种不同碳纤维体积掺量的 CFRGC 在 7 个不同应变率范围内的动力特性进行了分析，系统研究了碳纤维和应变率对 GC 的增强和增韧相关机理，为后续进一步确定和构建损伤演化规律和本构模型提供了基础数据。

7.4.1　应变率效应

根据试验得到的动态单轴压缩应力-应变曲线，可以看出在同一纤维掺量的情况下，随着应变率增加，试件强度显著增长，说明 CFRGC 有明显的应变率敏感性。在 CFRGC 应力-应变曲线的初始加载阶段有一个小范围的平缓增长过程，这是由于界面之间的不完全接触和波形整形器发生了塑性形变的共同结果，在本构理论计算中必须考虑此误差；不同应变率对上升段的影响较小，而对下降段有一定影响，随着应变率的增加，下降段趋缓，尤其在高应变率范围更加明显；不同体积掺量的 CFRGC 的峰值应变基本都随着应变率递增，应力-应变曲线的能量蕴含也随着应变率的增加增大；CFRGC 的整体变形能力均不理想，当纤维体积掺量为 0.3%时，随着应变率的增加，强度增长放缓，但应力-应变曲线下的面积增大，表明纤维体积掺量为 0.3% 的 CFRGC 韧性较好；从图中也可以发现，在冲击荷载作用下，随着纤维掺量的增加，CFRGC 的应力-应变曲线的下降段趋缓，特别是当纤维掺量为 0.2% 和 0.3% 时,下降段曲线上出现了明显的"台阶",这种现象是由于基体破裂失稳后断面处的碳纤维作为主要承力对象突然断裂造成的,体现了碳纤维的"缓冲"和"止裂"作用;SHPB 试验所得出的应力-应变曲线具有较好的相似性,表明试验装置和试验材料具有较好的稳定性。

7.4.1.1 应变率对动态增强因数的影响

如图 7.5 所示,不同体积掺量的 CFRGC 的 DIF 随应变率的增加呈对数函数递增,其对数递增规律见式(7.1),这与普通混凝土材料的已有研究结果形式相同,说明 CFRGC 与普通混凝土材料具有相似的力学响应。

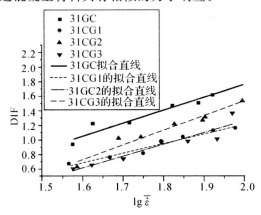

图 7.5 动态强度增强因数与 $\lg \bar{\dot{\varepsilon}}$ 的关系

$$
\left.
\begin{aligned}
DIF &= 1.741 \lg \bar{\dot{\varepsilon}} - 1.730 \quad (R^2 = 0.945\ 4, N = 7, \varphi_{CF} = 0\%) \\
DIF &= 1.300 \lg \bar{\dot{\varepsilon}} - 1.391 \quad (R^2 = 0.955\ 5, N = 7, \varphi_{CF} = 0.1\%) \\
DIF &= 1.974 \lg \bar{\dot{\varepsilon}} - 2.422 \quad (R^2 = 0.955\ 1, N = 7, \varphi_{CF} = 0.2\%) \\
DIF &= 1.625 \lg \bar{\dot{\varepsilon}} - 1.991 \quad (R^2 = 0.886\ 5, N = 7, \varphi_{CF} = 0.3\%)
\end{aligned}
\right\}
\quad (7.1)
$$

在冲击荷载作用下,CFRGC 中含有大量的乱向分布的碳纤维阻止了材料内部微裂纹的扩展,并阻滞宏观裂纹的发生,从而提高了抗压强度和变形能力。由图 7.6 可知,随着应变率的提高,CFRGC 的强度呈线性增长趋势,其线性增长规律见式(7.2);当应变率在 30~50 s⁻¹ 范围内时,CFRGC 强度随着纤维体积掺量的增加无明显提高,但随着应变率的进一步提高,CFRGC 的强度均有显著提高。其中,$\varphi_{CF} = 0.2\%$ 的 CFRGC 的增强趋势最为明显,GC 的增强趋势较差。

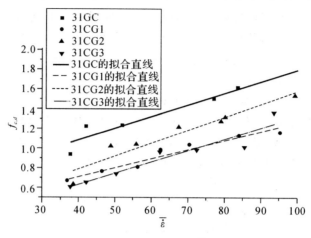

图 7.6　动态抗压强度与$\bar{\varepsilon}$的关系

$$
\left.
\begin{aligned}
f_{c,d} &= 0.524\,\bar{\varepsilon} + 26.888 &\quad (R^2 = 0.933, N = 7, \varphi_{CF} = 0\%) \\
f_{c,d} &= 0.515\,\bar{\varepsilon} + 19.774 &\quad (R^2 = 0.945\,3, N = 7, \varphi_{CF} = 0.1\%) \\
f_{c,d} &= 0.724\,\bar{\varepsilon} + 14.471 &\quad (R^2 = 0.917\,8, N = 7, \varphi_{CF} = 0.2\%) \\
f_{c,d} &= 0.654\,\bar{\varepsilon} + 9.550 &\quad (R^2 = 0.900\,1, N = 7, \varphi_{CF} = 0.3\%)
\end{aligned}
\right\} \quad (7.2)
$$

7.4.1.2　应变率对临界应变的影响

当 CFRGC 的动态抗压强度达到峰值时，认为试件已经破坏，此时试件的应变为峰值应变，它很好地反映了 CFRGC 的变形能力[276]。通过分析不同碳纤维掺量的 CFRGC 的峰值应变随应变率的变化规律，来研究冲击荷载作用下碳纤维对 GC 的增韧效果。

由图 7.7 可知，当应变率在 $35\sim85$ s^{-1}时，各纤维掺量 CFRGC 的峰值应变均随着应变率的增加而增大；当纤维体积掺量较小时，CFRGC 的变形能力与 GC 相比没有显著提高；当 $\varphi_{CF} = 0.3\%$时，CFRGC 的增韧优势明显，在相同应变率下，其变形能力均大于 GC，峰值应变最大可提高 13%。但随着应变率的进一步提高，当超过 95 s^{-1}后，除 $\varphi_{CF} = 0.2\%$ 的 CFRGC 的变形能力呈现继续增长趋势外，其他 CFRGC 的变形能力均有所下降。

7.4.1.3　应变率对比能量吸收的影响

如图 7.8 所示，CFRGC 在 $10\sim100$ s^{-1} 应变率范围内的比能量吸收 U 为 $64.0\sim786.9$ kJ/m^3，表现出显著的应变率相关性，随应变率的增加而增加；碳纤维的体积掺量对 U 有一定的影响，纤维的体积掺量为 0.1% 时的比能量吸收随着应变率增加的趋势相对较明显,即 CFRGC 的能量吸收特性在纤维的体积掺量为 0.1%时相对较优异。

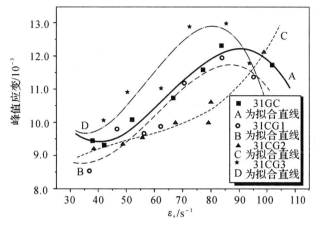

图 7.7 CFRGC 的峰值应变与应变率的关系

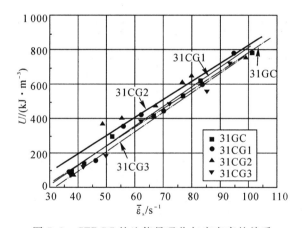

图 7.8 CFRGC 的比能量吸收与应变率的关系

7.4.1.4 应变率对弹性模量和破坏形态的影响

由于混凝土的应力-应变曲线是非线性的,且随应力(应变)的增加而加剧,因此,弹性模量的大小与所选择的参考点有关,描述方法有初始模量 E_1、割线模量 E_s、切线模量 E_t 和混合模量 E_c 等多种[277]。因切线弹性模量在试验中测试的难度比较大,并且由于试验数据的离散性,难以精确测量,故本书采用混合模量,即曲线上升段上对应压缩强度为峰值强度的 40%和 60%的两点连线的斜率,计算公式为

$$E_c = \frac{S_b - S_a}{\varepsilon_b - \varepsilon_a}$$

(7.3)

式中,下标 a 和 b 分别表示曲线上对应 $0.4\sigma_m$ 和 $0.6\sigma_m$ 的两点,S 表示轴向应力,ε 为轴向应变。

依据应力-应变曲线求出混合模量,各纤维掺量 CFRGC 的混合模量随应变率的变化规律如图 7.9 所示,可以看出,特定纤维掺量下,CFRGC 的混合模量随应变率的变化稳定在一定范围内,说明冲击荷载作用下 CFRGC 的弹性模量的应变率效应不明显。

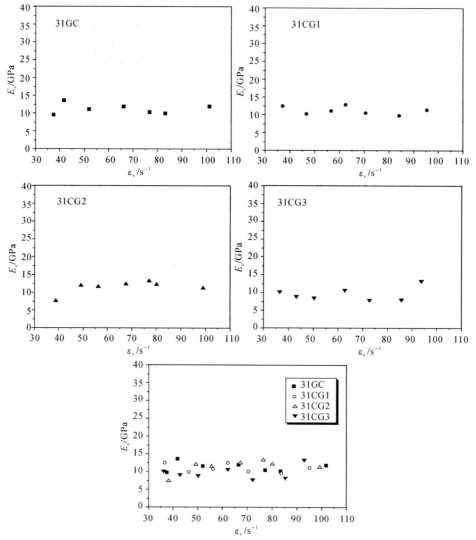

图 7.9 各纤维掺量 CFRGC 的混合模量与应变率的关系

在冲击荷载作用下,CFRGC 的破坏形态主要有留芯、块状碎裂、严重破碎和粉碎等几种形态。在 CFRGC 中掺入碳纤维后,由于纤维数量多且乱向分布,在 CFRGC 内部形成一个由碳纤维组成的较均匀的三维网络体系。在冲击荷载作用下,纤维可以缓解 CFRGC 内部裂纹尖端的应力集中程度,有效阻碍裂纹的迅速发展,从而提高 CFRGC 的抗冲击性能。相同纤维掺量的情况下,CFRGC 的破坏形态随着应变率的增加而趋于严重。因为随着应变率的提高,砂浆基体内部微裂纹来不及充分扩展,引发了 CFRGC 骨料的破坏,应变率越高,骨料破坏得越多,粉碎就越彻底。

7.4.2　碳纤维对地聚合物混凝土的增强增韧效应

7.4.2.1　碳纤维对地聚合物混凝土的增强效应

由应力-应变曲线图可以看出,CFRGC 的强度与纤维含量有关。事实上,在试件受压初期的弹性阶段,CFRGC 试件主要由基体承受荷载,碳纤维的增强效果没有体现,所以 CFRGC 和 GC 的弹性模量几乎相等。随着荷载的增大,材料内部的微裂纹开始萌发,GC 出现非线性行为,并立刻达到峰值应力;CFRGC 由于碳纤维的止裂作用,使得微裂纹的发展趋缓,曲线上升段延长,材料强度提高,体现了碳纤维的增强效果。

为了更好地描述纤维的增强效应,引入纤维增强系数 K_f 来表征材料的增强效果,将 K_f 定义为相近应变率下 CFRGC 与 GC 的峰值应力比,即 $K_f = f_{c,p}/f_{g,p}$,其中 $f_{c,p}$ 与 $f_{g,p}$ 分别为 CFRGC 与 GC 的峰值应力。对于不同纤维掺量的 CFRGC,分别以碳纤维体积掺量 φ_{CF} 为横坐标,以 K_f 为纵坐标作图,如图 7.10 所示。可以发现,碳纤维体积掺量对于 GC 动态抗压强度的增强效应具有下述特点。

(1)从整体的增强效果上看,$\varphi_{CF}=0.2\%$ 的 CFRGC 优于 0.1% 和 0.3%。冲击压缩状态下碳纤维对 GC 具有一定的增强效果,但随应变率的变化规律并不明显,随着应变率的提高,碳纤维的增强效果甚至出现下降趋势。当应变率大于 $40s^{-1}$ 后,$\varphi_{CF}=0.2\%$ 的 CFRGC 的抗压强度较 GC 均有提高,最大增幅达 12%。其他掺量的 CFRGC 没有明显增强,效果较差。

(2)随着纤维掺量的增加,抗压强度比值的离散性增大。特别是当 $\varphi_{CF}=0.3\%$ 时,不同应变率范围内的增强效果相差很大,仅当应变率在 $90\sim100\ s^{-1}$ 时,CFRGC 抗压强度比 GC 略有增长;当应变率小于 $90\ s^{-1}$ 时,抗压强度均小于 GC,特别是应变率在 $40\sim50\ s^{-1}$ 时的材料强度下降达 30%。

(3)纤维最佳掺量是相对的,不同应变率范围内纤维的增强效果是不一样的。

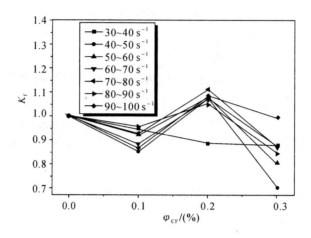

图 7.10　碳纤维的增强效应

7.4.2.2　碳纤维对地聚合物混凝土的增韧效应

（1）分别以碳纤维体积掺量 φ_{CF} 为横坐标，以相近应变率下不同纤维体积掺量 CFRGC 的峰值韧度 R_{cp} 与 GC 峰值韧度 R_{gp} 的比值为纵坐标作图，如图 7.11 所示。

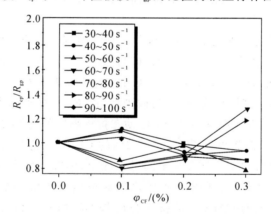

图 7.11　CFRGC 与 GC 峰值韧度比值随纤维掺量的变化规律

　　从图中可以发现，同一应变率范围，碳纤维的增韧效果呈现多样性，在 $70\sim$ $80\ s^{-1}$ 和 $80\sim90\ s^{-1}$ 两个应变率范围内，掺量为 0.3％ 的 CFRGC 的增韧效果较好，最大增幅达 27％。同一纤维掺量时，随应变率的增大，增韧效果也呈现多样性且离散性较大。

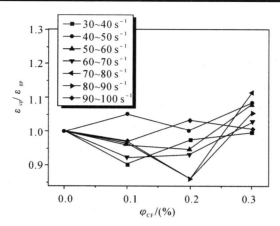

图 7.12　CFRGC 与 GC 峰值应变比值随纤维掺量的变化规律

　　(2)分别以碳纤维体积掺量 φ_{CF} 为横坐标,以相近应变率下不同纤维体积掺量 CFRGC 的峰值应变 ε_{cp} 与 GC 峰值应变 ε_{gp} 的比值为纵坐标作图,如图 7.12 所示。

　　从图中可以发现,碳纤维增韧效果的总体趋势基本随碳纤维掺量的增加而增强,在 $70\sim80s^{-1}$ 的应变率范围内,掺量为 0.3% 的 CFRGC 的增韧效果较好,最大增幅达 11%。整体看来,峰值应变与峰值韧度随纤维掺量的变化规律不尽相同,说明这两种表示韧度的方法存在差异,但其均反映出纤维体积掺量为 0.3% 的 CFRGC 的增韧效果较好。

　　碳纤维在 CFRGC 内部构成一种三维乱向分布的网络体系,这一乱向网络体系有助于提高其受冲击荷载作用时动能的吸收能力。在 CFRGC 受冲击荷载作用时,纤维可以缓解材料内部裂纹尖端应力的集中程度,并有效地阻止裂纹的迅速发展,吸收由于冲击荷载产生的动能,从而提高 CFRGC 的韧度,其最终的破坏形态也能反映碳纤维的增韧效应。

　　从受力的角度来讲,在 GC 中掺入适量碳纤维,由于纤维也承受荷载,因此 GC 的强度、变形能力和抑制收缩开裂等性能会有所提高;从材料性能上分析,碳纤维具有非常好的遇水浸润性、分散性和变形性,且与混凝土的结合也较好,作为 GC 的增强材料优势明显;但同时,由于在 GC 中加入碳纤维,也会引入大量的气泡,引起基体缺陷增加,同时加大了施工难度。

7.4.3　碳纤维增强地聚合物混凝土动态增强增韧机理

　　CFRGC 是由地聚合物水泥砂浆、粗骨料以及乱向分布的碳纤维组成的多相复合材料。由于其力学性能的复杂性,决定了这种复合材料在冲击荷载作用下的破坏规律要比普通混凝土更复杂。同普通混凝土相似,CFRGC 在成型过程中,内部存在大小不同的损伤,因而其破坏是应变率硬化(动脆)和损伤软化(增韧)这两种效应共同作用的结果。虽然混凝土类脆性材料的强度随应变率增加而增加的试验结果已得到广泛的认可,但目前关于此类材料的增强机理尚存在很大的争议。主要有以下几种解释。

(1)自由水的 Stefan 效应[278-281]。

(2)裂纹扩展(损伤演化)的惯性效应[282-283]。认为限制的裂纹扩展速度造成了材料的黏性行为,即高应变率下裂纹未及时扩展,导致材料损伤演化的滞后,从而在力学行为上表现出黏性机制。

(3)自由水和裂纹扩展惯性效应的共同作用结果。

(4)摩擦效应和惯性效应引起的横向约束。还有学者认为混凝土材料的应变率增强效应不能反映材料的真实力学性质,主要是高应变率下横向约束使混凝土试样由平面应力状态向平面应变状态转变。

7.4.3.1 碳纤维增强地聚合物混凝土的应变率效应

关于破坏强度随应变率的提高而增加,目前还没有比较完美的解释。不少学者认为这是材料由一维的应力状态向一维的应变状态转换过程中的力学响应。通常情况下,进行 SHPB 的混凝土试件都比较大,因此在 SHPB 试验中,试件内相当部位的受力状态已不能准确地说是一维应力了,特别是试件中间部位。在动态加载下,尤其是在高应变率下,由于材料的惯性效应,侧向的应变受到限制,并且应变率越高,这个限制就越明显,这就表现出明显的应变率效应。

但是应变率效应并非仅仅是由于应力状态的转变或者孔隙产生的,因为混凝土材料的破坏是由于其中微裂纹的产生和扩展造成的,而微裂纹的扩展需要一定的时间,高应变率加载状态不能提供足够的时间进行裂纹扩展,这样应力水平急速上升,产生更多的微裂纹,微裂纹越多,需要的能量就越多,同时在高应变率下,荷载作用时间很短,能量的增加只有通过增加应力的方式达到,结果导致随着应变率的增加,破坏强度随之增长,试件的粉碎程度越彻底。需要指出的是,有些出现材料的彻底粉碎可能是由于破坏后加载时间过长引起的,由于射弹长度一定,因此加载波的波长一定,材料的应变率越高意味着峰值应变前历时越短,从而导致峰值应力后的持续加载时间增加。

应变率敏感的均匀材料一般在冲击压缩荷载作用下表现出峰值应力随应变率的提高而增加,而峰值应变减小,即所谓的"动脆"现象。而 CFRGC 的试验结果有所不同,这是因为,CFRGC 并不是一般意义的均匀材料,而是存在大量的微裂纹等缺陷的复合材料,在加载初期,损伤较小,基体材料的应变硬化起主导作用,单轴压缩应力-应变曲线形态近似线性;随着荷载的增加,损伤演化加剧,大量微裂纹成核并扩展,断面处的碳纤维参与受力,形成损伤过渡区,增加能量的耗散,推迟裂纹的不稳定扩展,从而提高了 CFRGC 的韧性,单轴压缩应力-应变曲线为上凸的非线性曲线。静态和动态下 CFRGC 的损伤演化的方式也有所不同,在缓慢加载的情况下,宏观裂纹的萌生来源于缺陷最多的区域—过渡相区,扩展主要沿集料和砂浆的界面进行,最终的破坏是由一条或多条主裂纹的失稳扩展导致的;而高应变率下,加载的开始段在集料相,砂浆相和过渡相同时萌生大量的微裂纹,参与受力的碳纤维数量增多,更有利于提高材料的韧性,同时,由于变形的速度很快及碳纤维的"止裂"作用,裂纹的扩展来不及沿最薄弱的界面贯通,而在各自的区域进行,从而导致材料的破坏应力和峰值应变的增加。同时在破坏过程中裂纹来不及充分扩展,必然导致 CFRGC 骨料的破坏,应变率越高,CFRGC 骨料破坏的越多,从而CFRGC 的应力越高。

7.4.3.2　碳纤维增强地聚合物混凝土的增强增韧机理

对混凝土类材料的内部结构微观分析发现,混凝土类材料在承受荷载以前已存在微裂纹和孔洞等微损伤,这些损伤多数为粗骨料与水泥砂浆之间的界面裂纹,随着荷载增加,界面微裂纹诱发开裂,逐渐扩展,直至断裂。CFRGC 的破坏过程总体与 GC 类似,不同之处在于,由于碳纤维的掺入,分散在水泥浆中的碳纤维形成了一个网络,这个网络对其中的骨料及水泥砂浆的变形产生约束,因此带来骨料和水泥砂浆的强度的提高。同时碳纤维阻碍了裂纹的通过,依靠与水泥砂浆基体的粘结作用将通过纤维的应力向外转移,这就造成微裂纹的增多,耗散的能量也增多,材料的强度增加。由于碳纤维的作用,在较高的应变率下 CFRGC 达到破坏强度后仍能保持完整,且韧性特征也随碳纤维掺量的增加而更明显。碳纤维对 GC 的阻裂增强作用可归纳为以下几方面:①显著提高了 GC 的韧性与能量吸收能力;②提高了 GC 的抗压强度;③显著地改善了 GC 控制裂纹扩展和宏观裂纹出现之后的承载能力。

不过碳纤维的引入也增加了材料中的相间边界,为裂纹的萌生创造了有利条件,所以并不是碳纤维越多越好。所以在试验中出现了随应变率的增加,碳纤维含量为 0.3% 的 CFRGC 的强度增长反而比碳纤维含量 0.2% 的 CFRGC 小的现象,且碳纤维含量为 0.3% 的试验曲线上升段形态很不规则,均出现屈服台阶,进一步说明碳纤维含量的增多导致材料缺陷几率增大和材料内裂纹不稳定扩展性增强。因此,使用最佳掺量的碳纤维获得材料性能的较大改善,是广大力学工作者和工程技术人员的共同目标。对于纤维增强复合物的优化设计,Mohamed 等(1995年)[284] 发展了一种分析方法,并提出一个基于概率统计理论的微观力学模型,研究了乱向分布的短纤维增强脆性基体材料的裂后行为,该模型考虑了纤维拔出、纤维拉伸断裂以及所谓"缓冲"的局部磨擦效应,对复合桥联应力与裂纹张开位移(COD)关系进行了预测。

7.5 玄武岩纤维与碳纤维对地聚合物混凝土强韧化效应的对比

玄武岩纤维与碳纤维对 31GC 强韧化效应的对比,通过 31BG 与 31CG 在动态抗压强度与比能量吸收这两方面的比较来进行,结果如图 7.13 所示。

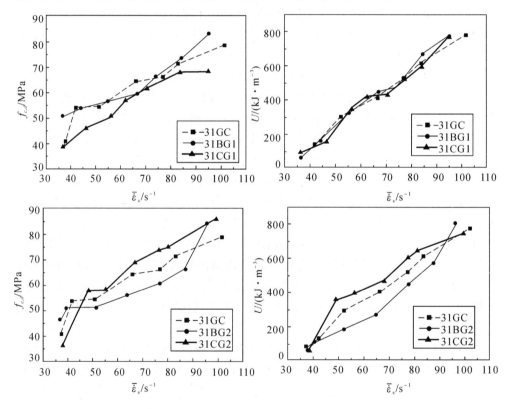

图 7.13 31BG 与 31CG 冲击力学性能的比较

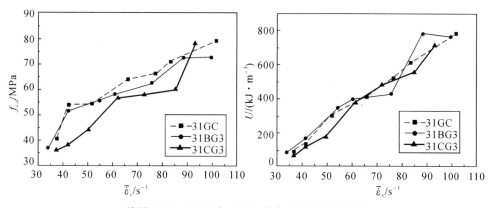

续图 7.13　31BG 与 31CG 冲击力学性能的比较

从图中可以看出,当纤维体积参量为 0.1% 与 0.3% 时,31BG 的动态抗压强度高于 31CG,韧性相当;当纤维体积参量为 0.2% 时,31CG 的强度与韧性都优于31BG,且较 31GC 有明显改善。因此,作为 31GC 的增强纤维,玄武岩纤维与碳纤维各有优势,体积率为 0.2% 的碳纤维的强韧化效果相对较好。

7.6　小　　结

本章分析了不同应变率、不同纤维掺量对 CFRGC 的增强效果,主要得到了下述结论。

(1)同一纤维掺量、不同应变率情况下,CFRGC 的受压应力-应变曲线具有较好的相似性,抗压强度均随着应变率的增大而提高,峰值应变也有不同程度的提高。说明冲击荷载作用下 CFRGC 的应变率敏感性较强烈。

(2)GC 试件与 CFRGC 试件的冲击压缩破坏断面形态有着显著区别。GC 试件的破坏断面比较光滑且完全分离的,CFRGC 试件的破坏断面则相对粗糙并伴有碳纤维的拔出,部分骨料与砂浆仍保持着一定的纤维联系,反映了碳纤维明显的阻裂增韧效果。

(3)系统地分析了 CFRGC 的动态力学性能。分析了动态抗压强度、动态增强因数 DIF、弹性模量、峰值应变以及峰值韧度随应变率的变化规律,并列出了相应的公式。除混合弹性模量随应变率变化不明显外,其他性能指标均表现出明显的应变率敏感效应,与普通混凝土类材料的已有研究进行对比后发现 GC 类材料具有与之类似的动态力学响应。

(4)分析了碳纤维对 GC 的增强和增韧效应及 CFRGC 的动态增强机理。碳纤维的掺入改善了 GC 控制裂纹扩展和宏观裂纹出现之后的承载能力,显著提高了 GC 的抗压强度与能量吸收能力,并且对混合模量影响较明显。从整体的增强趋势上看,纤维体积掺量为 0.2% 时的 CFRGC 的增强效应较好,峰值强度最大增幅 11%,混合模量此时达到最大。整体的增韧趋势方面,0.3% 纤维掺量的 CFRGC 的增韧效应较好,峰值韧度最大增幅 27%,低应变率范围内出现留芯破坏的试件数量最多。

(5)作为 31GC 的增强纤维,玄武岩纤维与碳纤维各有优势,其中,体积掺量为 0.2% 的碳纤维的强韧化效果相对较好。

第八章 纤维增强地聚合物混凝土的动态本构模型

8.1 引　　言

本构关系的探讨,是人们认识物质的力学特性的必由之路。现实世界中物质的本构关系是复杂的,人们要在思维的王国中完全再现它们是很困难的,有时甚至是不可能的。然而,对于特定的物质,只是事物和环境中的特定因素起主导作用,在这种情形下,只要能把握这些"特定因素"(譬如,对本书所研究的动态本构关系而言,由于变化的只是应变率与纤维掺量,应变率与纤维掺量即为特定因素),便可充分掌握其力学特性。因此,对于各种特定物质的应力-应变关系,人们提出种种"理论模型",即所谓的本构模型,然后以较为严格的数学方式去研究这种模型,再把理论研究成果和试验结果进行对比分析,进一步修正模型,直至理论预测结果和试验结果比较一致。显然,理论模型应比较简单,便于物理的和数学的处理,同时又应力求准确,能反映物质的基本力学特性,保证理论预测结果和试验结果基本一致。所以,简单而又准确的理论模型是广大力学工作者在对材料本构关系探索过程中的重要目标。

本章基于不同的出发点,建立了两种纤维增强地聚合物混凝土的动态本构模型,具体的考虑如下:为研究数值模拟冲击问题,建立了玄武岩纤维增强地聚合物混凝土的率型非线性黏弹性本构模型;受岩石损伤软化统计本构关系研究的启发,在总结地聚合物混凝土破坏过程中变形场演化特征的基础上,建立了碳纤维增强地聚合物混凝土的冲压损伤统计本构模型。

8.2 率型非线性黏弹性本构模型

8.2.1 概述

目前,已经用于数值模拟冲击问题的混凝土本构模型主要有以下几个。
Holmquist-Johnson-Cook(H-J-C)模型:Holmquist 等(1993 年)[285] 提出的用

于混凝土靶板冲击侵彻问题数值计算的混凝土本构模型。这是目前在国内被引用最多的一个模型，国内很多学者[286-289]在此基础上进行了冲击侵彻过程中混凝土材料的本构模型及数值模拟计算的研究工作。

(1)Forrestal 模型。该模型是对 Johnson—Cook 金属强度模型略加修改后得到的，其中考虑了压力的非线性效应与温度的影响[290]。孙宇新(2002 年)[291]用此模型进行了半无限厚混凝土靶的冲击侵彻计算。施绍裘等(2006 年)[292]用此模型建立了国产 C30 混凝土的动态本构关系，其中考虑了材料的率型微损伤演化。

(2)RHT 模型。由 Riede(2000 年)[293]研究提出。Heider 等(2001 年)[294]用此模型进行了射流与动能弹对混凝土靶侵彻问题的数值计算。

(3)Malvar 模型。该模型由 Malvar 等(1997 年)[295]在 LS—DYNA 软件原混凝土与地质材料本构模型的基础上改进而成，现为 LS—DYNA 软件中的混凝土损伤本构模型。Agardh 等(1999 年)[296]用该模型计算了钢筋混凝土靶的穿透问题，曹德青(2001 年)[297]进行了确定钢筋混凝土的模型参数与有关侵彻的数值模拟研究。

以上几个混凝土本构模型目前主要应用在混凝土侵彻问题的数值模拟方面，能够适当地反映对弹体的阻力起重要作用的混凝土强度效应。

本节引用朱-王-唐(ZWT)模型，结合 SHPB 试验分析数据，构建 BFRGC 的率型非线性黏弹性本构模型，并对模型进行验证。

8.2.2 朱-王-唐模型

唐志平等(1981 年)[298]在对环氧树脂的研究中，以 Green—Rivlin 多重积分非线性本构理论为基础，提出了一个适用于应变率为 $10^{-4} \sim 10^3$ s^{-1} 的非线性黏弹性本构模型——朱-王-唐(ZWT)模型。如图 8.1 所示，该模型由一个非线性弹性体与两个 Maxwell 体并联而成，第一个 Maxwell 体模型(参量为 E_1, θ_1)描述准静态、低应变率下的黏弹性响应；第二个 Maxwell 体模型(参量为 E_2, θ_2)描述高应变率下的黏弹性响应。因此，BFRGC 的率型非线性黏弹性本构行为可描述为

$$\sigma_s(t) = E_0 \varepsilon_s(t) + \alpha \varepsilon_s(t)^2 + \beta \varepsilon_s(t)^3 + E_1 \int_0^t \dot{\varepsilon}_s(t) \exp\left[-(t-\tau)/\theta_1\right] d\tau +$$

$$E_2 \int_0^t \dot{\varepsilon}_s(t) \exp\left[-(t-\tau)/\theta_2\right] d\tau \tag{8.1}$$

式中，$E_0, \alpha, \beta, E_1, \theta_1, E_2, \theta_2$ 为材料常数。其中 E_0, α, β 为弹性常数；E_1, E_2 为线弹性模量；θ_1, θ_2 为松弛时间。

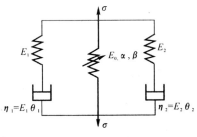

图 8.1　ZWT 模型

8.2.3　杨氏模量的确定

图 8.2 分别为高应变率下 BFRGC 的杨氏模量 E_2 随应变率的变化情况,其应变率相关性均可近似线性表示。BFRGC 的准静态杨氏模量 E_1 与动态杨氏模量 E_2 的取值见表 8.1。

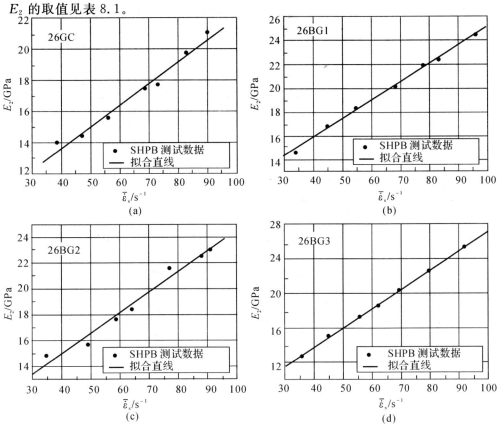

图 8.2　BFRGC 的杨氏模量 E_2 随平均应变率的变化情况

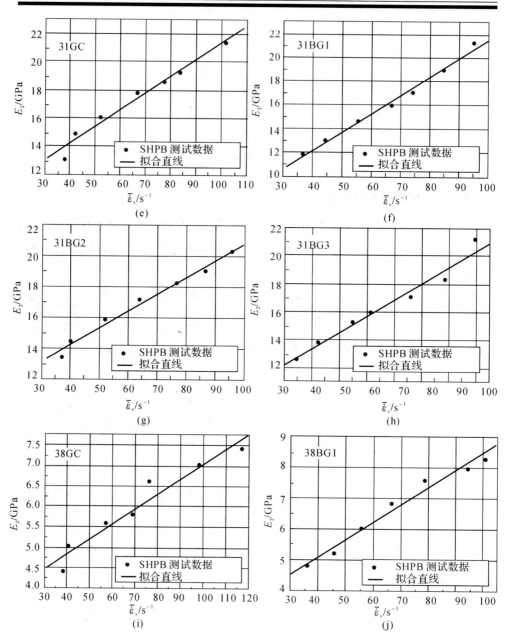

续图 8.2　BFRGC 的杨氏模量 E_2 随平均应变率的变化情况

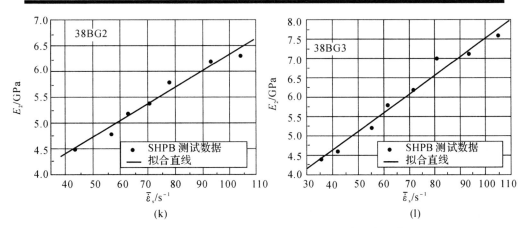

续图 8.2　BFRGC 的杨氏模量 E_2 随平均应变率的变化情况

表 8.1　E_1 与 E_2 的取值

BFRGC	$\varphi_{BF}/(\%)$	E_1/GPa	$E_2 = a\bar{\varepsilon}_s + b/\text{GPa}$	
			a	b
26BG	0	13.4	0.139	8.117
	0.1	11.8	0.156	9.608
	0.2	12.6	0.159	8.596
	0.3	12.5	0.224	4.773
31BG	0	10.5	0.120	9.412
	0.1	11.0	0.156	5.889
	0.2	13.0	0.109	9.861
	0.3	12.1	0.119	8.551
38BG	0	3.8	0.036 4	3.385
	0.1	4.6	0.055 9	2.849
	0.2	4.1	0.032 0	3.127
	0.3	4.3	0.048 4	2.683

8.2.4　玄武岩纤维增强混凝土材料的率型非线性黏生本构模型

BFRGC 的 SHPB 试验可近似看作恒应变率加载过程,即应变率为恒定值。

将 E_1,E_2 的取值代入方程式(8.1)可得到 BFRGC 的率型非线性黏弹性本构模型为

$$\sigma_s(t) = E_0\varepsilon_s(t) + \alpha\varepsilon_s(t)^2 + \beta\varepsilon_s(t)^3 + E_1\bar{\dot{\varepsilon}}_s\theta_1[1 - \exp(-\varepsilon_s(t)/(\bar{\dot{\varepsilon}}_s\theta_1))] +$$
$$E_2\bar{\dot{\varepsilon}}_s\theta_2[1 - \exp(-\varepsilon_s(t)/(\bar{\dot{\varepsilon}}_s\theta_2))] \tag{8.2}$$

式中,E_0,α,β,θ_1,θ_2 为待定参数,可经 SHPB 试验数据拟合得到,结果见表 8.2。

表 8.2　BFRGC 的率型本构模型参数

BFRGC	$\varphi_{BF}/(\%)$	E_0/GPa	α	β	θ_1/s	θ_2/s
	0	17.0	8.14×10^5	$-1.196\ 3\times10^7$	$-269\ 000$	$35\ 000$
26BG	0.1	17.6	6.855×10^5	$-6.987\ 7\times10^6$	$-329\ 400$	$84\ 400$
	0.2	20.4	6.48×10^5	$-7.293\ 1\times10^6$	$-182\ 400$	$225\ 800$
	0.3	21.0	1.803×10^6	$-1.916\ 55\times10^7$	$-250\ 000$	$251\ 000$
	0	15.7	5.202×10^5	$-2.525\ 2\times10^5$	$-75\ 430$	$251\ 940$
31BG	0.1	15.7	6.121×10^5	$-3.529\ 6\times10^6$	$-34\ 800$	$204\ 700$
	0.2	20.4	6.525×10^5	$-7.247\ 5\times10^6$	$103\ 000$	$271\ 700$
	0.3	17.9	6.693×10^5	$-5.379\ 9\times10^6$	$5\ 300$	$281\ 200$
	0	6.1	4.4×10^4	$3.897\ 5\times10^6$	$170\ 400$	$233\ 000$
38BG	0.1	7.1	6.59×10^4	$3.111\ 8\times10^6$	$330\ 900$	$278\ 000$
	0.2	9.0	-3.29×10^5	$1.541\ 8\times10^7$	$-62\ 000$	$210\ 000$
	0.3	6.0	$1.435\ 8\times10^5$	$9.339\ 5\times10^5$	$159\ 980$	$333\ 520$

如此建立了 BFRGC 的率型非线性黏弹性本构模型,可应用于数值模拟中,同时应用有限元软件可再现 BFRGC 的动力测试试验,得到试验时无法观测的变形、破坏效应等数据。

8.3　冲压损伤统计本构模型

8.3.1　概述

许多岩土工作者将损伤统计理论引入岩土材料本构模型的研究中,取得了一些有意义的成果,这些成果为后人的研究奠定了基础。唐春安、白晨光等(1993年,1996年)[299-300]以轴向应变作为统计分布变量,对岩石破裂损伤过程进行了研

究,提出了岩石微元强度的概念,并从岩石微元强度服从 Weibull 分布的特征着手,建立了岩石变形破裂过程的损伤软化统计本构关系,通过对本构模型进行二次对数变换和线性拟合求 Weibull 分布参数,取得了十分满意的结果。所以,损伤统计理论更能描述力学特性复杂的岩土类材料的本构关系。

由于 GFRGC 是一种包含大量随机分布的微裂隙等缺陷的非均质材料,因此,从 GFRGC 微裂隙等缺陷及随机分布的特点出发,建立损伤本构模型就成为可能。受岩石损伤软化统计本构关系研究的启发,本节在前人研究的基础上,基于宏观唯象的损伤统计理论,采用 Weibull 分布的损伤变量来描述试验应力-应变曲线中的非线性行为,导出损伤演化方程,再根据连续介质损伤力学理论构建出 CFRGC 损伤统计本构模型。

8.3.2　冲压损伤统计本构模型的建立

目前,普遍利用能量损伤理论建立混凝土材料的本构模型。这类模型关键在于损伤门槛与损伤势的建立,而这些量的建立主要依靠先进的试验手段和观测方法,从微观的角度对其进行描述,就目前而言,由于试验手段的局限性,这些工作还在探讨之中。相对于能量损伤理论,损伤理论的另一分支——几何损伤理论则主要可以利用数学工具,不拘泥于微观机理,更加具有理论意义和实用价值。特别是基于宏观唯象的损伤统计理论,其数据处理方法更为简洁,描述材料力学行为更注重微观和宏观的统一。材料的破坏只是微观损伤的发展和聚集,而损伤的直接数学描述虽然困难,但间接的宏观表现是可以量化的。

图 8.3 分别给出了 4 种纤维体积掺量的 CFRGC 在不同应变率下的应力-应变曲线图,图中的曲线具有较好的一致性,表明试验结果是可信的,而且可以发现 CFRGC 是一种应变率敏感性材料,在建立本构模型时应充分考虑应变率的影响。

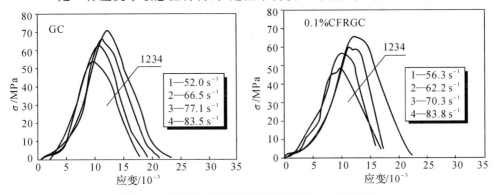

图 8.3　CFRGC 在不同应变率下的应力-应变曲线

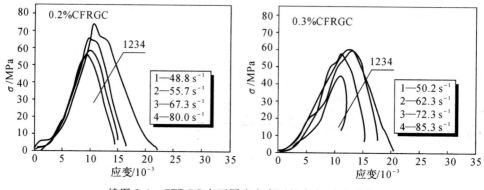

续图 8.3　CFRGC 在不同应变率下的应力–应变曲线

8.3.2.1　几何损伤理论的基本概念

在建立材料的损伤统计本构模型前,必须先理解有关几何损伤理论的几个概念:损伤变量、有效应力、应变等价原理、微元体。

(1)损伤变量。用损伤理论分析材料受力后的力学状态时,首先要选择恰当的损伤变量以描述材料的损伤状态。由于材料的损伤引起材料微观结构和某些宏观物理性能的变化,因此可以从微观和宏观两方面选择度量损伤的基准。从微观方面,可以选用空隙的数目、长度、面积和体积;从宏观方面,可以选用应变、弹性模量、屈服应力、拉伸强度、伸长率、密度、电阻、超声波速和声辐射等。根据这两类基准,可以采用直接法和间接法测量材料的损伤,作为动态损伤演化方程,损伤变量还应与应变和应变率有关[301]。

(2)有效应力。现用直杆受单向拉伸的例子说明有效应力的概念。初始无损伤的杆,假设该杆受 F 力到一定大小后产生均匀的损伤,若杆的初始横截面积为 A,受损后损伤面积为 A',则杆的净面积或有效面积为 $A - A'$。在均匀损伤状态下,损伤变量为标量。Kachanov 提出用连续性变量 ψ 描述材料的损伤状态,定义 ψ 为

$$\psi = \frac{A - A'}{A} \tag{8.3}$$

Rabotnov 在研究金属蠕变时引入一个与连续变量相对应的变量 D,称为损伤变量,则有

$$D = \frac{A - A'}{A} \tag{8.4}$$

式中,$D=0$,对应无损伤状态;$D=1$,对应完全损伤状态;$0 < D < 1$,对应不同损伤状态。令 $\sigma = F/A$ 为截面上的名义应力;$\sigma' = F/A'$ 为有效截面上的应力,也称为净应力或有效应力,则有

$$\sigma A = \sigma' A' \tag{8.5}$$

及

$$\sigma' = \frac{\sigma}{1-D} \tag{8.6}$$

（3）应变等价原理。J. Lemaitre 提出的这一假定认为：应力 σ 作用在受损材料上引起的应变与有效应力作用在无损材料上引起的应变等价，而材料的损伤部分不能承担任何外载。根据这一原理，受损材料的本构关系可通过无损材料中的名义应力得到，即

$$\varepsilon = \frac{\sigma}{E'} = \frac{\sigma'}{E} = \frac{\sigma}{E(1-D)} \tag{8.7}$$

式中，E 为未损伤材料的弹性模量；ε 为材料的应变。

令 $E'(1-D)$ 为受损材料的弹性模量，称为有效弹性模量，由此得到

$$D = 1 - \frac{E'}{E} \tag{8.8}$$

（4）微元体。材料内存在的损伤，可以理解为一种连续的变量场，所以在分析时首先应在材料内选取"微元体"，并假定该微元体内的应力-应变以及损伤都是均匀分布的，这样就能在连续介质力学的框架内对损伤及其对材料力学性能的影响作系统的处理。材料的微元体应具有这样一种性质：尺寸足够大，能包容很多的损伤；同时应足够小，可以视为连续介质中的一个点，这样就能保证在微观上仍可以利用连续介质力学的一些方法和理论对其进行研究。在许多相关文献中，都利用某一种应力或应变来间接度量微元强度，这类方法处理较为简单。

8.3.2.2　损伤本构模型的构建方法

损伤理论是将固体物理学、材料强度学和连续介质力学统一起来研究的，因此，损伤本构模型既要反映材料微观结构的变化，又能说明材料宏观力学性能的实际变化，而且计算的参数还应是宏观可测的。基于宏观唯象的损伤统计理论由 Krajcinovic 首先提出，该理论不追求微观损伤的机理，而注重微元体破坏对宏观力学性能的影响，其结果与一般的损伤理论相差不大，而且处理更为方便，更能突出材料宏观力学性能的实际变化，其模型构建过程一般分为下述 4 个阶段[302]。

（1）选择合适的损伤变量。从力学意义上说，损伤变量的选取应考虑到如何与宏观力学量建立联系并易于测量，不同的损伤过程，可以选取不同的损伤变量，即使同一损伤过程，也可以选取不同的损伤变量。对于 CFRGC 这种材料，在很多情况下和岩石有着相似之处，在选取损伤统计变量时可参照岩石的有关研究成果。

（2）建立损伤演化方程。材料内部的损伤是随外界因素（荷载、温度等）的变化而变化的，为了描述损伤的发展，需要建立描述损伤演化的方程。选取不同的损伤

变量,损伤的演化方程是不一样的。在 CFRGC 的损伤统计本构关系中,一般是根据不同条件下的应力-应变曲线进行拟合,当试验材料纤维掺量或加载速率不同时,建立的损伤演化方程就可能有区别,所以还应考虑试件的纤维掺量影响和应变率效应。

(3)建立考虑材料损伤的本构模型。这种包含了损伤变量的本构模型,即损伤本构关系是损伤力学分析的核心内容。在损伤统计理论中,一般假定损伤前的材料微元体为线弹性,一旦损伤则失去承载力。对于 CFRGC,这种假定更加具有意义,由于其应力、应变十分复杂,从本质上而言,是弹塑黏损伤的耦合,硬要将之区分则不仅处理十分困难,而且和实际结果的差距会更大。

(4)用所建立的损伤统计本构关系求解材料内部各点的应力和应变值,只能利用数值方法。而且还需考虑误差等因素影响,对结果做相应修正。

8.3.2.3 损伤演化方程及损伤本构模型的推导

CFRGC 具有明显的非均质性,内部存在多种缺陷,且随机分布,各种缺陷的力学性质有很大的差异。因此,可认为 CFRGC 强度是一个随机变化的量,是大量因素(如各组分的比例、晶粒的大小、缺陷的分布等)综合作用的结果,这些因素本身是相互独立的,并且是具有某种统计规律的随机变量,因此,CFRGC 的强度可用统计分布来描述。基本假定:

(1) CFRGC 材料在宏观上为各向同性。

(2) CFRGC 微元体破坏前服从虎克定律,一旦破坏便完全丧失承载能力。

(3) CFRGC 的损伤发展过程是微元体破坏逐渐累积的结果。

(4) CFRGC 各微元强度服从 Weibull 分布[303],其概率密度函数为

$$\varphi(\varepsilon) = \frac{m}{a}\left(\frac{\varepsilon}{a}\right)^{m-1} \exp\left[-\left(\frac{\varepsilon}{a}\right)^{m}\right] \tag{8.9}$$

式中,ε 为应变量;a,m 为表征材料物理力学性质的参数,反映的是材料对外荷载的不同响应特征。

设在某一荷载下已破坏的微元体数目为 n,并定义损伤统计变量 D 为已经破坏的微元体数目 n 与总微元体数目 N 之比,即 $D=n/N$,实际上这与 Rabotnov 所描述的损伤变量在机理上是具有一致性的。

这样,在任意区间 $[\varepsilon,\varepsilon+\mathrm{d}\varepsilon]$ 内产生破坏的微元数目为 $N\varphi(x)\mathrm{d}x$,当加载到某一水平 ε 时,已经破坏的微元体数目为[304]

$$n(\varepsilon) = \int_0^\varepsilon N\varphi(x)\mathrm{d}x = \int_0^\varepsilon N\frac{m}{a}\left(\frac{x}{a}\right)^{m-1}\exp\left[-\left(\frac{x}{a}\right)^m\right]\mathrm{d}x = N\left\{1-\exp\left[-\left(\frac{\varepsilon}{a}\right)^m\right]\right\} \tag{8.10}$$

将式(8.10)代入 $D = n/N$,可得

$$D = 1 - \exp\left[-\left(\frac{\varepsilon}{a}\right)^m\right] \tag{8.11}$$

式(8.11)即为 CFRGC 损伤统计演化方程,$D = 0$ 时相当于无损状态,$D = 1$ 时相当于所有微元均破坏,D 值的大小反映了 CFRGC 内部损伤的程度。

当 GFRGC 材料承受荷载作用后,在宏观裂隙出现以前,局部出现的微裂纹已经影响了 CFRGC 材料的力学性质,由连续介质损伤力学理论[305]可得本构关系为

$$\sigma = E\varepsilon(1 - D) = E\varepsilon\left\{\exp\left[-\left(\frac{\varepsilon}{a}\right)^m\right]\right\} \tag{8.12}$$

式中,E 为 CFRGC 无损状态下的弹性模量,其取值基于图 8.3 中各应变率所对应的混合模量的平均值,见表 8.3。

表 8.3　不同纤维掺量下 CFRGC 的模量值

纤维掺量 $\varphi_{CF}/(\%)$					
	0.0	$\dot{\varepsilon}/\text{s}^{-1}$	52.0	66.5	77.1	83.5
		E_c/GPa	11.41	11.92	10.61	10.17
		E/GPa	11.03			
	0.1	$\dot{\varepsilon}/\text{s}^{-1}$	56.3	62.2	70.3	83.8
		E_c/GPa	10.97	12.60	10.37	9.87
		E/GPa	10.95			
	0.2	$\dot{\varepsilon}/\text{s}^{-1}$	48.8	55.7	67.3	80.0
		E_c/GPa	12.02	11.66	12.53	12.22
		E/GPa	12.11			
	0.3	$\dot{\varepsilon}/\text{s}^{-1}$	50.2	62.3	72.3	85.3
		E_c/GPa	8.75	11.02	8.13	8.25
		E/GPa	9.04			

如果将式 8.10 推广到三轴试验结果的情形,可得

$$\sigma_1 = E\varepsilon\left\{\exp\left[-\left(\frac{\varepsilon}{a}\right)^m\right]\right\} + \nu(\sigma_2 + \sigma_3) \tag{8.13}$$

式中,ν 为泊松比;σ_1,σ_2,σ_3 为 3 个主应力。

综上所述,若已知 a,m 两个参数,则可知材料的损伤演化方程和损伤本构关系。由此可以看出,CFRGC 损伤本构模型建立的关键在于 Weibull 分布参数 a 及 m 的确定。

8.3.3 冲压损伤统计本构模型参数的确定

在参数确定方法上,有研究者用单轴压缩应力-应变曲线的峰值强度点 $P(\varepsilon_p, \sigma_p)$ 来确定式(8.12)所构建模型的参数 a 和 m,即以 $P(\varepsilon_p, \sigma_p)$ 处的斜率为 0 来求解,则有

$$\frac{d\sigma}{d\varepsilon}\bigg|_{\varepsilon=\varepsilon_p} = E\left[1 - m\left(\frac{\varepsilon_p}{a}\right)^m\right]\exp\left[-\left(\frac{\varepsilon_p}{a}\right)^m\right] = 0 \tag{8.14}$$

同时,在峰值强度点处有关系式

$$\sigma_p = E\varepsilon_p\exp\left[-\left(\frac{\varepsilon_p}{a}\right)^m\right] = 0 \tag{8.15}$$

联立式(8.14)与式(8.15)即可求出 a 和 m,但这种通过一个点的信息来确定两个参数的方法,容易产生较大误差,本书中试用线性拟合的方法来确定 a 和 m。

将式(8.12)变形,则有

$$\frac{\sigma}{E\varepsilon} = \exp\left[-\left(\frac{\varepsilon}{a}\right)^m\right] \tag{8.16}$$

两边求自然对数,有

$$\ln\left(\frac{\sigma}{E\varepsilon}\right) = -\left(\frac{\varepsilon}{a}\right)^m \tag{8.17}$$

变形后再求自然对数,有

$$\ln\left[-\ln\left(\frac{\sigma}{E\varepsilon}\right)\right] = m\ln\varepsilon - m\ln a \tag{8.18}$$

令 $y = \ln\left[-\ln\left(\frac{\sigma}{E\varepsilon}\right)\right]$,$x = \ln\varepsilon$,通过线性拟合可求得 a 及 m 的值。

在本书第七章对 CFRGC 单轴冲压应力-应变曲线的分析中提到:各纤维掺量的试验曲线在初始加载阶段都呈现一个平缓的增长过程。这与已有的混凝土材料的动态压缩试验结果明显不同,按照传统的损伤演化规律,混凝土材料的破坏经历了材料内裂纹的萌生、扩展和裂纹间的贯通几个过程,损伤的不断发展导致了试验曲线的非线性特征,且切线模量值也由大变小。而本书的试验曲线在初始加载阶段非常平缓,应变增长快但应力却无明显增长,即此过程切线弹性模量很小,且此应变段范围较固定,在 0.004 左右,而后切线弹性模量迅速增大后逐渐变小,加载后半段与传统的损伤演化规律较吻合。

经分析,在初始加载阶段主要挤密了界面间隙,挤压了其间的杂质,使试件与入射杆和透射杆达到紧密接触,并通过此过程使试件内的应力基本达到均匀,因此又称为"挤密区",所以此段不能真实反映材料的性质。分析主要原因为试验系统

误差,包括波形整形装置与压杆界面接触的紧密程度、试件表面打磨平整度、润滑油涂抹均匀度、试验装置内摩擦以及数据采集误差等等,因此此段不考虑材料损伤,不计应力变化。为提高模型参数拟合值的准确度,将式(8.12)修正为

$$\sigma = E(\varepsilon - \varepsilon_0)(1 - D) = E(\varepsilon - \varepsilon_0)\left\{\exp\left[-\left(\frac{\varepsilon - \varepsilon_0}{a}\right)^m\right]\right\} \tag{8.19}$$

式中,$\varepsilon_0 = 0.004$ 为应变修正值。式(8.16)变为

$$\ln\left[-\ln\left(\frac{\sigma}{E(\varepsilon - \varepsilon_0)}\right)\right] = m\ln(\varepsilon - \varepsilon_0) - m\ln a \tag{8.20}$$

基于图 8.3 所示的 CFRGC 应力-应变试验曲线,可线性拟合得到不同碳纤维掺量和应变率下 CFRGC 的损伤统计本构模型参数 a 和 m,详见表 8.4。

表 8.4　不同纤维掺量下 CFRGC 的冲压损伤统计本构模型拟合参数

纤维掺量 $\varphi_{CF}/(\%)$					
	0.0	$\dot{\varepsilon}/s^{-1}$	52.0	66.5	77.1	83.5
		a	9.26	10.12	11.07	11.78
		m	3.39	4.27	3.98	3.31
	0.1	$\dot{\varepsilon}/s^{-1}$	56.3	62.2	70.3	83.8
		a	8.67	9.23	10.03	11.89
		m	2.95	4.28	4.76	3.09
	0.2	$\dot{\varepsilon}/s^{-1}$	48.8	55.7	67.3	80.0
		a	8.15	8.69	9.61	11.04
		m	3.73	4.18	4.33	3.20
	0.3	$\dot{\varepsilon}/s^{-1}$	50.2	62.3	72.3	85.3
		a	8.71	9.79	11.08	11.47
		m	4.98	5.62	5.52	4.03

8.3.4　模型参数与宏观物理量的关系研究

只用式(8.19)所建立的特定碳纤维掺量和应变率情况下的 CFRGC 损伤统计本构模型来模拟不同纤维掺量和应变率情况下的 CFRGC 力学响应将存在较大误差,因此必须予以改进,其方法的基本思路就是通过分别探讨模型参数 a 及 m 与应变率 $\dot{\varepsilon}$ 的关系,建立 a 及 m 的经验关系式,从而达到改进 CFRGC 损伤统计本构模型的目的,使其能够描述 CFRGC 的动态本构关系,具体方法将结合试验数据进行

说明。

分别考察表 8.4 中模型参数 a 和 m 与应变率 $\dot{\varepsilon}$ 的关系,以模型参数 a 和 m 为纵坐标,应变率 $\dot{\varepsilon}$ 作为横坐标,绘制散点分布图,如图 8.4 ~ 图 8.7 所示。

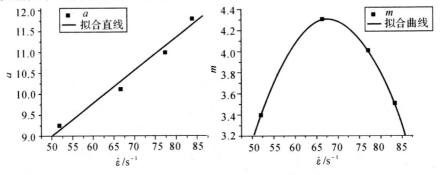

图 8.4　GC 本构模型参数 a 和 m 与 $\dot{\varepsilon}$ 的关系

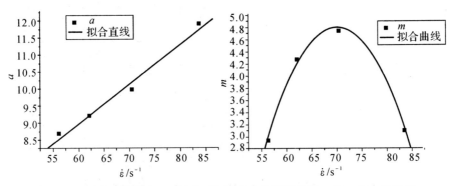

图 8.5　碳纤维掺量为 0.1% 的 CFRGC 本构模型参数 a 和 m 与 $\dot{\varepsilon}$ 的关系

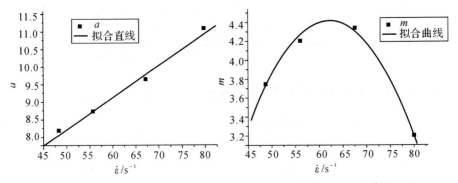

图 8.6　碳纤维掺量为 0.2% 的 CFRGC 本构模型参数 a 和 m 与 $\dot{\varepsilon}$ 的关系

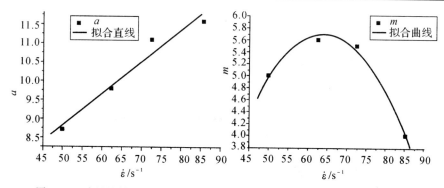

图 8.7 碳纤维掺量为 0.3% 的 CFRGC 本构模型参数 a 和 m 与 $\dot{\varepsilon}$ 的关系

通过拟合得到4种纤维掺量下模型参数 a 和 m 与应变率 $\dot{\varepsilon}$ 的经验关系式如下：

$$\varphi_{CF}=0.0\%：\begin{cases} a=5.065+0.078\dot{\varepsilon} & (R=0.988) \\ m=-11.705+0.469\dot{\varepsilon}-0.003(\dot{\varepsilon})^2 & (R=0.998) \end{cases} \quad (8.21)$$

$$\varphi_{CF}=0.1\%：\begin{cases} a=1.947+0.118\dot{\varepsilon} & (R=0.995) \\ m=-41.595+1.321\dot{\varepsilon}-0.009(\dot{\varepsilon})^2 & (R=0.996) \end{cases} \quad (8.22)$$

$$\varphi_{CF}=0.2\%：\begin{cases} a=3.585+0.092\dot{\varepsilon} & (R=0.996) \\ m=-10.205+0.469\dot{\varepsilon}-0.004(\dot{\varepsilon})^2 & (R=0.995) \end{cases} \quad (8.23)$$

$$\varphi_{CF}=0.3\%：\begin{cases} a=4.640+0.083\dot{\varepsilon} & (R=0.972) \\ m=-9.516+0.475\dot{\varepsilon}-0.004(\dot{\varepsilon})^2 & (R=0.995) \end{cases} \quad (8.24)$$

将上式代入前述建立的 CFRGC 冲压损伤统计本构模型，即式(8.19)，再结合表 8.3 便可得到模拟各纤维掺量下不同应变率情况 CFRGC 变形破裂全过程的冲压本构模型。

8.3.5 本构模型参数的物理意义探讨

图 8.8 和图 8.9 反映了其他条件不变时，不同的 Weibull 分布参数 a 和 m 对 CFRGC 本构模型曲线形状的影响。

当碳纤维掺量和参数 a 的值不变时，不同 m 值的 CFRGC 本构模型理论曲线形状差异较大（见图 8.8），这从一定意义上说明，Weibull 分布参数 m 决定了本构模型曲线的形状。随着分布参数 m 的增大，曲线形状变陡，峰后应力-应变过程及破裂速度相对加剧，说明材料的脆性增强；随着分布参数 m 减小，曲线形状变缓，峰后应力-应变过程及破裂速度相对减缓，说明材料的韧性增强，由此可见，分布参数 m 主要反映了 CFRGC 的脆性特征。

当碳纤维掺量和参数 m 的值不变时,不同 a 值的 CFRGC 本构模型曲线形状差异不大(见图 8.9),仅呈现放缩效果,随着分布参数 a 的增大,CFRGC 峰值应力增大,说明分布参数 a 主要反映了 CFRGC 强度特征。

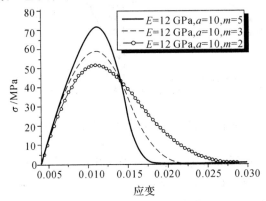

图 8.8　参数 m 对本构模型曲线的影响

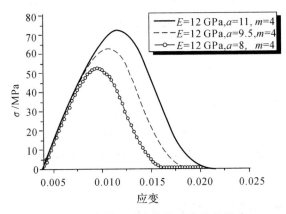

图 8.9　参数 a 对本构模型曲线的影响

关于分布参数对 CFRGC 的弹性模量的影响方面,本书分析认为 a 或 m 都不能单独反映弹性模量,因为加载段直线的斜率(弹性模量)除与 a 有关外,在很大程度上取决于曲线的形状,而曲线的形状主要由 Weibull 的分布参数 m 所反映,所以 CFRGC 的弹性模量应是由 Weibull 分布参数 a 和 m 共同决定的。

由式(8.21)～式(8.24)知,参数 a 和 m 随应变率 $\dot{\varepsilon}$ 的变化呈现明显的规律性,a 随应变率 $\dot{\varepsilon}$ 线性增长,而 m 与应变率 $\dot{\varepsilon}$ 的关系呈二次抛物线变化,随着 $\dot{\varepsilon}$ 的增加,m 先升后降。对于某一固定碳纤维掺量的 CFRGC,令 $dm/d\dot{\varepsilon}=0$,可得一个应变率

$\dot{\varepsilon}_m$，此时对应参数 m 的最大值。对本构模型进行数值模拟后发现，当应变率小于 $\dot{\varepsilon}_m$ 时，随着应变率的增加，参数 a 和 m 均增大，模型曲线不断变陡且峰值强度迅速提高；当应变率达到 $\dot{\varepsilon}_m$ 时，曲线形态最陡，且下降段尤为明显，模型曲线峰后强度迅速丧失；当应变率大于 $\dot{\varepsilon}_m$ 时，随着应变率的增加，参数 a 依然增大，但参数 m 减小，模型曲线受这两种效果叠加的影响，峰值强度依然增大，但增速明显放缓。而这些现象与试验曲线的变化规律不尽相同，当应变率等于 $\dot{\varepsilon}_m$ 时，材料脆性特征最为明显，且峰值强度增速最快，因此可以认为 $\dot{\varepsilon}_m$ 是反映 CFRGC 脆性极限和峰值强度最大增速的临界值。

为验证其真实性，以本书 $\varphi_{CF}=0.1\%$ 的 CFRGC 试验曲线为例，利用式（8.22）对 m 求极值，可得到临界值 $\dot{\varepsilon}_m=70.26\ \mathrm{s}^{-1}$，取相邻的两个应变率的试验结果作比较，即 $56.3\ \mathrm{s}^{-1}$ 和 $83.8\ \mathrm{s}^{-1}$，分别与 $70.26\ \mathrm{s}^{-1}$ 相差 $13.96\ \mathrm{s}^{-1}$ 和 $13.54\ \mathrm{s}^{-1}$，应变率近似等幅变化。3 个应变率对应的峰值强度分别为 $45.96\ \mathrm{MPa}$，$58.99\ \mathrm{MPa}$，$63.79\ \mathrm{MPa}$，可以发现在应变率等幅增长的情况下，相邻两个应变率对应的峰值强度分别增长 $13.03\ \mathrm{MPa}$ 和 $4.8\ \mathrm{MPa}$，明显与应变率的增幅不成比例，临界值之前强度增幅大，之后增幅小，峰值强度增速明显变缓。对于其他纤维掺量的 CFRGC 仍可得到类似结论，此处不再详述。值得注意的是，各纤维掺量 CFRGC 的应力-应变曲线在随应变率的变化过程中均出现了峰值强度"跳跃"的现象，即峰值强度突然增长的现象，研究发现，这些现象都集中出现在 $65\sim75\ \mathrm{s}^{-1}$ 应变率范围内，这与各纤维掺量下参数 m 的关系式所确定的临界值 $\dot{\varepsilon}_m$ 的变化范围相一致，进一步表明了本书所述参数确定方法的可行性。

8.4　动态本构模型的应用算例

8.4.1　率型非线性黏弹性本构模型

图 8.10 给出了 BFRGC 的动态本构模型的验证情况，可以看出，模型与实测曲线之间吻合良好。

8.4.2　冲压损伤统计本构模型

将本书所建立的理论曲线与试验曲线进行对比，如图 8.11～图 8.14 所示。

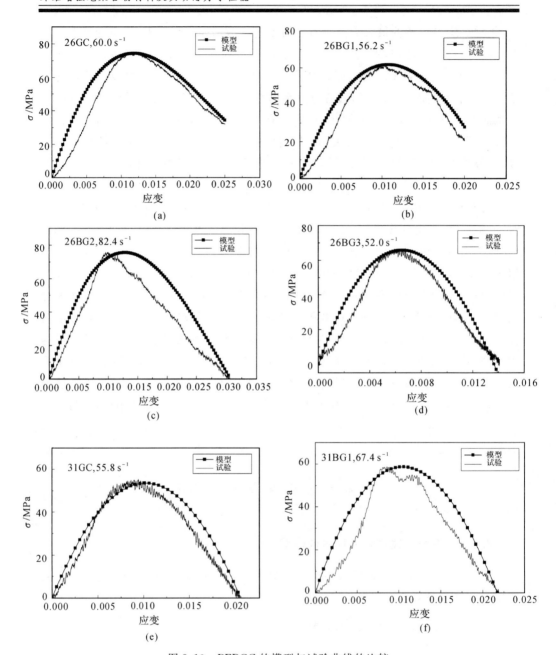

图 8.10 BFRGC 的模型与试验曲线的比较

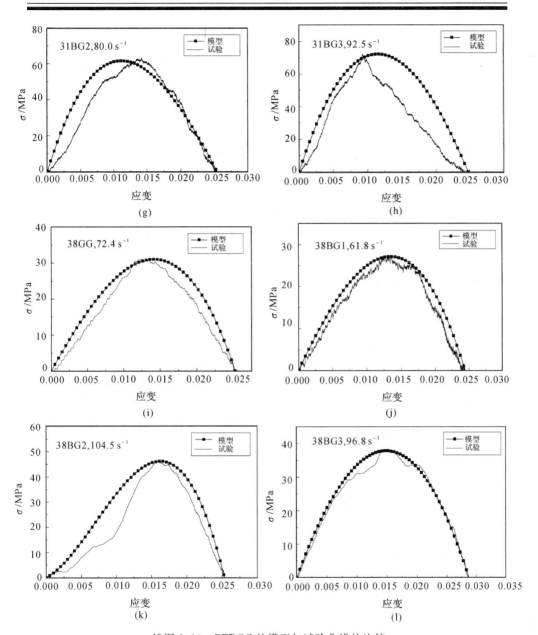

续图 8.10 BFRGC 的模型与试验曲线的比较

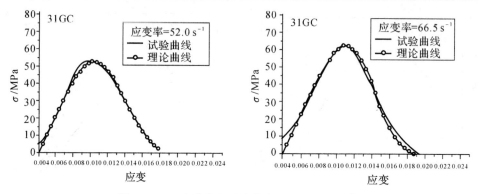

图 8.11　理论曲线和试验曲线对比($\varphi_{CF} = 0\%$)

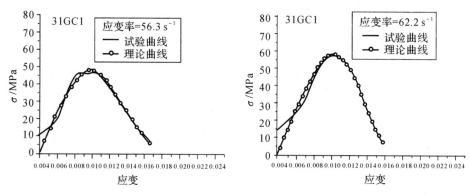

图 8.12　理论曲线和试验曲线对比($\varphi_{CF} = 0.1\%$)

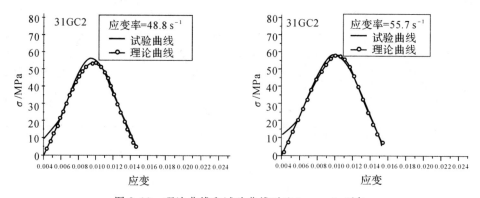

图 8.13　理论曲线和试验曲线对比($\varphi_{CF} = 0.2\%$)

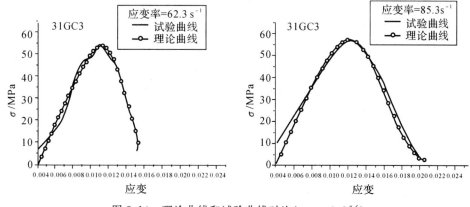

图 8.14　理论曲线和试验曲线对比($\varphi_{CF} = 0.3\%$)

可以发现本书所建立的本构模型与试验得到的应力-应变曲线还存在一定的偏差,但也能基本反映 CFRGC 在冲击压缩荷载作用下损伤破坏的过程和应力-应变曲线随应变率变化的特性,考虑到 CFRGC 材料力学性能的离散性,上述偏差是可以接受的,表明本书所述本构模型是可行的。作为本构关系的统计学归纳法,研究应以大量试验为基础,本书只是针对每种碳纤维掺量的几个试件的试验结果进行了拟合,因此统计规律不是很明显,今后应对大批量试件的试验结果进行综合统计后得到的结果进行拟合,可能会得到更好的效果。

8.5　小　　结

本章首先对目前已经用于数值模拟冲击问题的混凝土本构模型作了简单的总结;接下来,结合 BFRGC 的 SHPB 试验分析数据,引用 ZWT 方程,建立了材料的率型非线性黏弹性本构模型,并进行验证,发现模型与试验曲线吻合良好。因此,ZWT 模型可用于玄武岩纤维增强混凝土材料冲击力学,改进后的 ZWT 模型可以较为准确地描述 BFRGC 的高应变率力学行为。

受岩石损伤软化统计本构关系研究的启发,在总结 CFRGC 破坏过程中变形场演化特征的基础上,研究了损伤本构模型的构建方法,基于宏观唯象的损伤统计理论,提出了利用微元体破坏数目比定义损伤变量的思路,采用 Weibull 分布的损伤变量来描述试验应力-应变曲线中的非线性行为,导出损伤演化方程,再根据连续介质损伤力学理论构建出 CFRGC 损伤统计本构模型,此模型具有参数少、数据处理方法简洁的特点。

　　针对传统的静态损伤统计本构模型不能体现材料本构关系随加载速率变化的不足,本章从模型参数的确定及与加载速率的联系出发,对该理论进行了系统性的改进,从而建立了能够反映 CFRGC 一维冲击压缩力学响应的动态损伤统计本构模型。基于 CFRGC 试验曲线和数据,线性拟合得到了模型参数值并列出了经验关系式,发现了模型参数 a 和 m 分别服从应变率 $\dot{\varepsilon}$ 的一次与二次函数的变化规律。探讨了模型参数的物理意义以及对本构关系的影响规律,发现了模型参数 a 和 m 分别反映了 CFRGC 脆性和强度的特征,提出了应变率的临界值概念,从而可以方便确定 CFRGC 的脆性极限和强度最大增速。为验证方法的有效性,将所建立的本构模型曲线与试验中测得的曲线进行对比,结果表明,此方法可行,可以作为建立 CFRGC 损伤本构模型的手段。

第九章　本书的主要结论及进一步研究的内容

9.1　主 要 结 论

本书采用试验研究、数值模拟和理论分析相结合的方法,运用响应曲面设计方法(RSM)、有限单元法、应力波、损伤力学等理论,主要研究纤维增强地聚合物材料及其动态力学性能。主要有下述结论和研究成果。

9.1.1　矿渣粉煤灰基地聚合物的强度体系

(1)基于 RSM 建立的强度体系,从数学角度分析是可靠的,应用该体系可对各因素对强度的影响规律等方面进行理论分析。

(2)通过对强度规律的预测和验证,说明了强度体系从应用角度分析是可行的,可应用在配比设计等实践中。因此,RSM 可广泛应用于新型复合材料研发领域,应用前景广阔。

9.1.2　矿渣粉煤灰基地聚合物的效益评估

地聚合物生产工艺简单,易于实现产业化,具有明显的经济、社会和环境效益,具有进一步开发和应用的意义。

9.1.3　纤维增强地聚合物混凝土的制备

与硅酸盐水泥相比,地聚合物的生产工艺简单,无需复杂操作,易于实现工业化生产;结合最新理论建立的地聚合物混凝土配合比设计方法具有很强的应用性;纤维增强地聚合物混凝土制备工艺的提出为实践操作提供了依据和标准,有利于广泛推广应用。

9.1.4　分离式 Hopkinson 压杆试验技术

(1)波形整形设计的理想目标为具有较宽历时的半正弦应力脉冲。对比试验表明,黄铜更适合作为本试验的整形器,且得到的应力脉冲较为稳定。

(2)厚度为 1 mm,直径分别为 20,22,25,27,30 mm 的 H62 黄铜波形整形器对应力波波形有明显的改善效果,可将入射脉冲上升沿的升时延长 1～1.6 倍,且呈现近似三角形脉冲,使得材料在高速加载过程中有足够的时间达到应力均匀及恒应变率。此外,该技术还有助于解决弥散效应与惯性效应问题。

(3)提出应力不均匀系数,以定量描述材料 SHPB 试验的应力均匀性问题,经分析,试件在开始破坏之前就已经达到应力均匀分布,且在整个应力脉冲作用过程中的绝大多数时间内保持应力均匀状态。

(4)材料的平均应变率 $\overline{\dot{\varepsilon}}_s(\mathrm{s}^{-1})$ 与射弹冲击速度 $v(\mathrm{m/s})$ 之间的关系可近似线性表述,即 $31\mathrm{BG}:\overline{\dot{\varepsilon}}_s=14.766v-21.014$;$31\mathrm{CG}:\overline{\dot{\varepsilon}}_s=13.936v-15.353$。此外,在 BFRGC 的 SHPB 试验过程中,试件达到相同应变率所需的冲击速度随着基体强度的提高而增大。

(5)材料的应变率对于 H62 黄铜波形整形器的直径很敏感,随着整形器直径的增大,最佳近似恒应变率也在增加,一个直径的波形整形器只能对应于一个最佳近似恒应变率。材料最佳近似恒应变率 $\overline{\dot{\varepsilon}}_{s,\mathrm{optimum}}(\mathrm{s}^{-1})$ 与波形整形器直径 $d(\mathrm{mm})$ 之间的函数关系近似为 $\mathrm{FRGC}:\overline{\dot{\varepsilon}}_{s,\mathrm{optimum}}=20.939e^{d/16.526}-28.614,20\mathrm{mm}\leqslant d\leqslant 30\ \mathrm{mm}$。

9.1.5　玄武岩纤维增强地聚合物混凝土(BFRGC)的静动力特性

(1)试件在破坏前,保持恒应变率加载,是保证 SHPB 试验有效性的关键。通过对 BFRGC 试件破坏前近似恒应变率加载时间比例与变异系数的计算与分析,证明波形整形技术能够保证在试件破坏前的绝大多数时间内保持近似恒应变率加载,确保了 BFRGC 的 SHPB 试验结果的可靠性。

(2)BFRGC 的动态力学特性呈现出显著的应变率相关性,动态抗压强度、临界应变与比能量吸收均随应变率的增加而近似线性增加。其中,临界应变的增速一般低于强度的增速。

(3)以玄武岩纤维对 GC 能量吸收能力的改善效果作为衡量标准,对于 26BG,31BG 与 38BG 来讲,玄武岩纤维的最佳体积掺量分别为 0.3%,0.1% 与 0.2%。

(4)玄武岩纤维对于 26GC 与 31GC 的强度特性并无明显改善,但可以有效地提高 38GC 的冲击强度,在 38GC 中掺入体积质量分别为 0.1%,0.2%,0.3% 的玄武岩纤维后,120 s^{-1} 时的动态抗压强度分别提高了 30.1%,36.7% 与 18.1%。

(5)BFRGC 应变率敏感值随基体强度的增加而降低,26BG,31BG 与 38BG 的应变率敏感值分别为 40.9,43.2,66.1 s^{-1}。

(6)BFRGC 在 10～100 s^{-1} 应变率范围内的临界应变为 0.7%～1.8%,且变

形能力随基体强度的提高而降低。

（7）玄武岩纤维对 GC 的变形能力具有一定的改善效果，纤维体积掺量为 0.2%时,效果最佳。

（8）BFRGC 在 $10 \sim 100 \ s^{-1}$ 应变率范围内的比能量吸收为 $16.4 \sim 1\ 328.4 \ kJ/m^3$,且吸收冲击能的效率随基体强度的提高而增加。

（9）玄武岩纤维可以有效地改善 GC 的吸能特性,对 38GC 的能量吸收能力改善效果最明显,尤其是当纤维的体积掺量为 0.2%时,38BG 在 $120 \ s^{-1}$ 的吸能效率较 38GC 提高了 42.7%。

9.1.6 碳纤维增强地聚合物混凝土(CFRGC)的静动力特性

（1）同一纤维掺量、不同应变率情况下,CFRGC 的受压应力-应变曲线具有较好的相似性;抗压强度随着应变率的增大而提高,峰值应变也有不同程度的提高。这说明冲击荷载作用下 CFRGC 的应变率敏感性较强烈。

（2）GC 试件与 CFRGC 试件的冲击压缩破坏断面形态有着显著区别。GC 试件的破坏断面比较光滑且完全分离,CFRGC 试件的破坏断面则相对粗糙并伴有碳纤维的拔出,部分骨料与砂浆仍保持着一定的纤维联系,反映了碳纤维明显的阻裂增韧效果。

（3）系统地分析了 CFRGC 的动态力学性能。分析了动态抗压强度、动态增强因数 DIF、弹性模量、峰值应变以及峰值韧度随应变率的变化规律,并列出了相应的公式。除混合弹性模量随应变率变化不明显外,其他性能指标均表现出明显的应变率敏感效应,与普通混凝土类材料的已有研究进行对比后发现 GC 类材料具有与之类似的动态力学响应。

（4）分析了碳纤维对 GC 的增强和增韧效应及 CFRGC 的动态增强机理。碳纤维的掺入改善了 GC 控制裂纹扩展和宏观裂纹出现之后的承载能力,显著提高了 GC 的抗压强度与能量吸收能力,并且对混合模量影响较明显。从整体的增强趋势上看,纤维体积掺量为 0.2%时的 CFRGC 的增强效应较好,峰值强度最大增幅为 11%,混合模量此时达到最大。整体的增韧趋势方面,0.3%纤维掺量的 CFRGC 的增韧效应较好,峰值韧度最大增幅为 27%,低应变率范围内出现留芯破坏的试件数量最多。

（5）作为 31GC 的增强纤维,玄武岩纤维与碳纤维各有优势。其中,体积掺量为 0.2%的碳纤维的强韧化效果相对较好。

9.1.7 纤维增强地聚合物混凝土的动态本构模型

（1）结合 BFRGC 的 SHPB 试验分析数据,引用 ZWT 方程,建立了材料的率型非线性黏弹性本构模型,并进行验证,发现模型与试验曲线吻合良好。因此,ZWT 模型可用于玄武岩纤维增强混凝土材料冲击力学,改进后的 ZWT 模型可以较为准确地描述 BFRGC 的高应变率力学行为。

(2)受岩石损伤软化统计本构关系研究的启发,在总结 CFRGC 破坏过程中变形场演化特征的基础上,研究了损伤本构模型的构建方法,基于宏观唯象的损伤统计理论,提出了利用微元体破坏数目比定义损伤变量的思路,采用 Weibull 分布的损伤变量来描述试验应力-应变曲线中的非线性行为,导出损伤演化方程,再根据连续介质损伤力学理论构建出 CFRGC 损伤统计本构模型,此模型具有参数少、数据处理方法简洁的特点。

(3)针对传统的静态损伤统计本构模型不能体现材料本构关系随加载速率变化的不足,本书从模型参数的确定及与加载速率的联系出发,对该理论进行了系统性的改进,从而建立了能够反映 CFRGC 一维冲击压缩力学响应的动态损伤统计本构模型。基于 CFRGC 试验曲线和数据,线性拟合得到了模型参数值并列出了经验关系式,发现了模型参数 a 和 m 分别服从应变率 $\dot{\varepsilon}$ 的一次与二次函数的变化规律。探讨了模型参数的物理意义以及对本构关系的影响规律,发现了模型参数 a 和 m 分别反映了 CFRGC 脆性和强度的特征,提出了应变率的临界值概念,从而可以方便确定 CFRGC 的脆性极限和强度最大增速。为验证方法的有效性,将所建立的本构模型曲线与试验中测得的曲线进行对比,结果表明,此方法可行,可以作为建立 CFRGC 损伤本构模型的手段。

9.2　进一步研究的内容

本书对纤维增强矿渣粉煤灰基地聚合物材料的制备体系及动态力学性能进行了研究,并取了阶段性的研究成果,但尚存在一些问题有待解决和进一步深入研究。

(1)从微观力学角度出发,分析矿渣粉煤灰基地聚合物材料的反应机理以及微观结构对其力学性能的影响。

(2)对矿渣粉煤灰基地聚合物混凝土进行更广泛的耐久特性测试,如抗冻、抗侵蚀、碱骨料反应等,以增加说服力,同时建立详实的耐久性数据库,以为工程应用提供参考建议。

(3)结合有效的试验手段、方法与技术,研究纤维增强地聚合物材料在复杂条件下(如围压、高温等)的高应变率力学性能,包括压缩、劈拉、剪切与扭转等。

参 考 文 献

[1] 高长明.当代水泥工业发展方向[J].水泥技术,2001,(1):9-11.

[2] 翁端.生态材料学[M].北京:清华出版社,2001.

[3] 施惠生.生态水泥与废弃物资源化利用[C].水泥与混凝土利废技术与可持续发展论坛论文集.北京:管庄.2006:138-145.

[4] 谢援柱.粉煤灰资源化及管理研究[D].大连:大连理工大学,2003.

[5] Brown L R. Building a Sustainable Society[M]. New York:W. W. Norton and Co.,1981.

[6] Barbier E B,Economic. Nature Resource,Scarcity and Development:Conventional and Alternative Views[M]. London:Earth Scan Publications,1985:58-64.

[7] 中国科学院可持续发展战略研究组.中国可持续发展战略报告[M].北京:科学出版社,2004:349.

[8] SHI Caijun,Krivenko P V,Della Roy. Alkali-Activated Cements and Concretes[M]. London:Taylor & Francis,2006.

[9] Purdon A O. The action of alkalis on blast-furnace slag[J]. Journal of the Society of Chemical Industry,1940,(59):191-202.

[10] Glukovski. Baustoffindnstic,1974,(B3):9-12.

[11] Glukhovsky V D,Pakhomov V A . Slag-alkali Cement and Concretes[J]. Kiev:Budivelnik Publisher,1978.

[12] Glukhovsky V D,Soil Silicate Articles and Constructions,Gruntosilikatnye virobi i konstruktsiii[J]. Kiev:Budivelnik Publisher,1967.

[13] Davidovits J. Geopolymers and geopolymeric materials[J]. Journal of Thermal Analysis and Calorimetry,1989,35(2):429-441.

[14] Palomo A,Grutzeck M W,Blanco M T. Alkali-activated fly ashes:Acement for the future[J]. Cement and Concrete Research,1999,(29):1323-1329.

[15] 高树军,吴其胜,张少明.高性能球磨矿渣的形貌及其活性[J].建筑材料学报,2003,6(2):157-161.

[16] Glukhowsky V D. Slag - Alkali concretes produced from fine - grained aggregates[J]. Vishcha Shkola,Kiev,USSR,1981.

[17] Fernández Jiménez A,Puertas F,Fernández - Carrasco L. Alkaline sulfate actiyation processes of a Spanish blast furnace slag[J]. Materiales de Construccion. 1996,46(241):53 - 65.

[18] Fernandez - Jimenez A,Puertas F. Alkali - activated slag cements[J]. Cement and Concrete Research,1997,(3):359 - 368.

[19] 徐彬,蒲心诚. 矿渣玻璃体微观分相结构研究[J].重庆建筑大学学报,1994, 19(4):53 - 60.

[20] MalolepszyJ. Activation of synthetic melitite slags by alkalis[C]. 8th International Congress on the Chemistry of Cement,Rio de Janeiro,Brazil, 1986,4:104 - 107.

[21] WANG Shaodong, Karen L Scrivener. Hydration products of Alkali Activated Slag Cement[J]. Cement and Concrete Research,1995,25,(3): 561 - 571.

[22] 孙家瑛,诸培南. 矿渣在碱性溶液激发下的机理[J]. 硅酸盐学报,1998,17 (6):16 - 24.

[23] 杨南如. 碱胶凝材料形成的物理化学基础(II)[J]. 硅酸盐学报,1996(4). 459 - 462.

[24] ZHOU Huanhai,WU Xuequan,XU Zhongzhi. Kinetic study on hydration of alkali - activated slag[J]. Cem Coner Res,1993,23(6):1253 - 1258.

[25] SHI Caijian,Robert L Day. A calorimetric study of early hydration of alkali - slag cements[J]. Cement and Concrete Research,1995,(6):1333 - 1346.

[26] Krivenko P V. Alkaline cements[C]. 9th International Congress on the Chemistry of Cement,1992,4:482 - 488.

[27] 李立坤,唐修仁. 碱-矿渣胶凝材料水化机理及动力学特征[J].硅酸盐通 报,1994,(3):49 - 52.

[28] Kutti T. Hydration Products of alkali - activated slag [C]. 9th International Congress on the Chemistry of Cement,1992,4:468 - 474.

[29] 吴承宁,张燕迟,胡智农. 碱-矿渣水泥性能研究及应用[J].硅酸盐学报, 1993,21(2):176 - 179.

[30] 钟白茜,杨南如.水玻璃-矿渣水泥的水化性能研究[J].硅酸盐通报. 1994,

1：4－8.

[31] 徐彬,蒲心诚. 固态碱组分碱矿渣水泥水化产物的研究[J]. 西南工学院学报,1997,12(3):29－34.

[32] Richardson I G. The nature of the hydration products in hardened cement pastes[J]. Cement & Concrete Composites,2000,(22):97－113.

[33] Bakharev T,Sanjayan J G,Cheng Y－B. Sulfate attack on alkali－activated slag concrete[J]. Cement and Concrete Research,2002,32(2):211－216.

[34] Della M Roy, JIANG Weimin, Silsbee M R. Chloride diffusion in ordinary,blended and alkali－activated cement pastes and its relation to other properties[J],Cement and Concrete Research,2000,30(12):1879－1884.

[35] Vladimír Živica. Effects of type and dosage of alkaline activator and temperature on the properties of alkali－activated slag mixtures[J]. Construction and Building Materials,2007,21(7):1463－1469.

[36] SHENG Xiaodong,et al. Immobilization of stimulated high level wastes into AASC waste form[J]. Cement and Concrete Research,1994,24(1):133－138.

[37] SHI Caijun, Fernandez－Jimenez A. Stabilization/Solidification of hazardous and radioactive wastes with alkali activated cements[J]. Journal of Hazardous Materials B,2006,3(137):1656－1663.

[38] 芦令超. 碱矿渣水泥的结构与性能研究[J]. 水泥技术,2003,(5):17－18.

[39] 蒲心诚. 碱矿渣混凝土耐久性研究[J]. 混凝土,1991,(5):13.

[40] 蒲心诚,甘昌成,吴礼贤.碱矿渣混凝土的性能[J].硅酸盐通报,1989,8(5):5－10.

[41] Talling B,Brandstetter J. Present state and Future of Alkali－actived Slag Concretes,Fly Ash,Silica Fume,Slag and National Pozzonson Concrete[C]. Proeeedings of Third International Conference,Trondheim,Norway,ACI,1989.

[42] 蒲心诚,等.高强碱矿渣水泥与混凝土缓凝问题研究[J].水泥,1992,(10):32－36.

[43] 徐彬,蒲心诚,碱矿渣水泥混凝土研究进展及其发展前景[J].材料导报,1998,12(4):41－44.

[44] 成希弼,吴兆奇.特种水泥的生产及应用[M].中国建筑工业出版社,1994.

[45] Stepkowska E T,Blanes J M,et al. Phase transformation on heating of an aged cement paste[J]. Thermochimica Acta,2004,(420):79 – 87.

[46] Bakharev T,et al. Effect of admixtures on properties of alkali – activated slag concrete[J]. Cement and Concrete Research,2000,30(9):1367 – 1374.

[47] Brough A R, Atkinson A. Sodium silicate – based, alkali – activatedslagmortars:Part I. Strength, hydration and microstructure[J]. Cement and Concrete Research,2002,32(6):865 – 879.

[48] Frank Collins,Sanjayan J G. Microcracking and strength development of alkali activated slag concrete[J]. Cement & Concrete Composites,2001,23 (4 – 5):345 – 352.

[49] Davidovits J. Mineral polymers and methods of making them[P]. US Patent,4349386,1982.

[50] Roy D M. New strong cement materials:chemically bonded ceramics[J]. Science,1987,235(4789):651 – 658.

[51] Davidovits J. Geopolymer chemistry and properties[C]. Proceedings of the First European Conference on Soft Mineralogy. Campaigner:The Geopolymer Institute,1988.

[52] 曹德光,苏达根,陈益兰,等. 矿物键合反应物及其产物特征与反应过程研究 [M]. 南京:东南大学出版社,2005.

[53] 段瑜芳,王培铭,杨克锐. 碱激发偏高岭土胶凝材料水化硬化机理的研究 [J]. 新型建筑材料,2006,(1):22 – 24.

[54] 聂铁苗,马鸿文,杨静,等. 矿物聚合材料固化过程中的聚合反应机理研究 [J]. 现代地质,2006,(2):340.

[55] Davidovits J. Synthetic mineral polymer compound of the silicoaluminates family and preparation process,US Patent,1981,4,472.

[56] 张书政,龚克成. 地聚合物[J]. 材料科学与工程学报,2003,21(3):430 – 436.

[57] 翁履谦,宋申华. 新型地聚合物胶凝材料[J]. 材料导报,2005,2(2):67 – 68.

[58] 赵永林,张耀君,徐德龙. 水玻璃激发矿渣超细粉制备灌浆材料的研究[J]. 混凝土,2007,(6):39 – 40.

[59] 李海宏,张耀君,李辉,等. 碱激发不同活性粉煤灰地聚合物的研究[J]. 西安 石油大学学报,2007,22(3):89 – 91.

［60］ 王晴,吴枭,吴昌鹏.新型胶凝材料—无机矿物聚合物性能的研究［J］.混凝土,2007,208(2):61－63.

［61］ WU Hwai－Chung,SUN Peijian,et al. New building materials from fly ash based light weight inorganic polymer［J］. Construction and Building Materials,2007,(21):211－217.

［62］ Darko Krizan,Branislav Zivanovic. Effects of dosage and modulus of water glass on early hydration of alkali－slag cements［J］. Cement and Concrete Research,2002,32(8):1181－1188.

［63］ SHI Caijun,Robert L Day. A calorimetric study of early hydration of alkali-slag cements［J］. Cement and Concrete Research,1995,25(6):1333－1346.

［64］ Cioffi R,Maffucci L,Santoro L. Optimization of geopolymer synthesis by calcinations and polycondesation of akaolinitic residue［J］. Resources Conservation & Recycling,2003,40(1):27－38.

［65］ Andini S,Cioffi R,Colangelo F. Coal fly ash as raw material for the manufacture of geopolymer－based products［J］. Waste Management,2008,28(2):416－423.

［66］ Davidovits J. Geopolymers:inorganic polymeric new materials［J］. Journal of Thermal Analysis,1991,37:1633－1656.

［67］ Davidovits J. Properties of geopolymer cements［C］. 1ˢᵗ International Conference on Alkaline Cement and Concrete,Kiev,Ukraine,1994:131－149.

［68］ Palomo A,Maclas A,Blaneo MT,et al. Physical chemical and mechanical characterization of geopolymers［C］. Proc 9th Int Congr Chem Cem,1992:505－511.

［69］ 代新祥.碱激活土聚水泥的制备［D］.广州:华南理工大学,2002.

［70］ Peter Duxson,et al. The thermal evolution of metakaolin geopolymers:Part 2－Phase stability and structural development［J］. Journal of Non－crystalline Solids,2007,353(22－23):2186－2200.

［71］ 翁履谦,宋申华.新型地聚合物胶凝材料［J］.材料导报,2005,19(2):67－68.

［72］ 代新祥,文梓芸.土壤聚合物水泥［J］.新型建筑材料,2001,(6):34－35.

［73］ Valeria F F,et al. Thermal behaviour of inorganic geopolymers and composites derived from sodium polysialatel [J]. Materials Research Bulletin,2003,(38):319 – 331.

[74] 张云升.粉煤灰地聚合物混凝土的制备及其特性[J].混凝土与水泥制品，2003,(2):13 – 15.

[75] 张云升.粉煤灰地聚合物混凝土的制备、特性及机理[J].建筑材料学报，2003,6(3):237 – 242.

[76] Miranda J M,et al. Corrosion resistance in activated fly ash mortars[J]. Cement and Concrete Research,2005,35(6):1210 – 1217.

[77] Bakharev T. Durability of geopolymer materials in sodium and magnesium sulfate solutions[J]. Cement and Concrete Research,2005,35(6):1233 – 1246.

[78] Palomo A,Grutzeck M W,Blanco M T. Alkali – activated fly ashes:A cement for the future[J]. Cement and Concrete Research,1999,29(8):1323 – 1329.

[79] Van Jaarsveld J G S,Van Deventer J S J,Lorenzen L. The potential use of geopolymeric materials to immobilize toxic metals:Part I. Theory and Application[J]. Minerals Engineering,1997,10(7):659 – 669.

[80] Van Jaarsveld J G S,Van Deventer J S J,Luckey G C. The effect of coposition and temperature on the properties of fly ash and kaolinite – based geopolymers[J]. Chemical Engineering Journal,2002,(89):63 – 73.

[81] Phair J W,Van Deventer J S J. Characterization of Fly – Ash – Based Geopolymeric Binders Activated with Sodium Aluminate[J]. Industrial& Engineering Chemistry Research,2002,41(17):4242 – 4251.

[82] Swanepoel J C,Strydom C A. Utilisation of fly ash in geopolymeric materia[J]. Applied Geochemistry,2002,(17):1143 – 1148.

[83] Lee W K W,Van Deventer J S J. Structural reorganisation of class F fly ash in alkaline silicate solutions [J]. Colloids and Surfaces A:Physicochemical and Engineering Aspects,2002,211(1):49 – 66.

[84] Lee W K W,Van Deventer J S J. The Effects of Inorganic Salt Contamination on the Strength and Durability of Geopolymers[J]. Colloids and Surfaces A:Physicochemical and Engineering Aspects,2002,211(2 – 3):115 – 126.

[85] Krivenko P V,Kovalchuk G Yu. Heat – resistant fly ash based

geocements[J]. GEOPOLYMERS,2002.

[86] XU Hua, Jannie S J, Van Deventer. Geopolymerisation of multiple minerals[J]. Minerals Engineering,2002,15(12):1131 - 1139.

[87] Van Jaarsveld J G S,Van Deventer J S J. The Characterisation of source materials in fly ash - based geopolymers[J]. Materials Letters,2003,57 (7):1272 - 1280.

[88] 沙建芳,孙伟,张云升. 地聚合物—粉煤灰复合材料的制备及力学性能[J]. 粉煤灰科学研究. 2004,(2):12 - 13.

[89] Fernandez - Jimenez A,Palomo A,Criado M. Microstructure development of alkali - activated fly ash cement:a descriptive model[J]. Cement and Concrete Research,2005,35(6):1204 - 1209.

[90] 侯云芬,王栋民,周文娟,等. 粉煤灰基矿物聚合物制备及其性能研究[J]. 粉煤灰,2009,5:3 - 5

[91] 贾屹海,韩敏芳,孟宪娴,等. 粉煤灰地聚合物凝结时间的研究[J]. 硅酸盐通报,2009,28(5):893 - 897.

[92] 陈俊静,印杰,谢吉星,等. 粉煤灰基矿质聚合物的制备研究[J]. 山西大学学报:自然科学版,2010,33(1):105 - 108.

[93] 饶绍建,王克俭. 高温短期养护对低钙粉煤灰地聚合物性能的影响[J]. 材料导报,2010,25(17):477 - 479.

[94] 郭晓潞,施惠生. 粉煤灰地聚合物溶出聚合机理及其性能研究[J]. 非金属矿,2011,34(4):9 - 11.

[95] 施惠生,夏明,郭晓潞. 粉煤灰基地聚合物反应机理及各组分作用的研究进展[J]. 硅酸盐学报,2013,41(7):972 - 979.

[96] Luo Xin, Xu Jinyu, Bai Erlei, et al. Systematic study on the basic characteristics of alkali - activated slag - fly ash cementitious material system[J]. Construction and Building Materials,2012,29:482 - 486.

[97] Tang M. Optimum mix design for alkali - activated slag - high calcium fly ash concrete[J]. Journal of Shenyang Architectural and Civil Engineering Institute, 1994,10(4):315 - 321.

[98] 马保国,朱平华,黄立付. 固体碱激发制备碱-矿渣-高钙粉煤灰渣胶凝材料的研究[J]. 粉煤灰,2001,(4):4 - 6.

[99] 叶群山,梁文泉,何真. 矿渣粉煤灰复合胶凝体系的试验研究[J]. 混凝土,2004,8:42 - 44.

［100］ 岳瑜.新型矿渣-粉煤灰混凝土试验研究［J］.粉煤灰综合利用,2005,3:10-12.

［101］ 刘光焰.碱激发矿渣粉煤灰混凝土性能研究［J］.福建建筑,2008,10:32-33.

［102］ 尚建丽,刘琳.矿渣-粉煤灰地聚合物制备及力学性能研究［J］.硅酸盐通报,2011,30(3):741-744.

［103］ 许金余,任韦波,刘志群,等.高温后地质聚合物混凝土损伤特性试验［J］.解放军理工大学学报:自然科学版,2013,14(3):265-270.

［104］ 罗鑫,许金余,王博,等.矿渣粉煤灰基地质聚合物材料的激发特性研究［J］.混凝土,2012(11):70-72.

［105］ 许金余,李为民,范飞林,等.地质聚合物混凝土的冲击力学性能研究［J］.振动与冲击,2009,28(1):46-50.

［106］ 李松,陈玉龙.地聚合物的性能研究［J］.玻璃钢/复合材料,2007,(6):49-52.

［107］ Puertas F,Amat T,Vazquez T. Bahaviour of alkaline cement mortars reinforced with acrylic and polypropylene fibers［J］. Materials of Construction,2000,259:69-84.

［108］ Puertas F,Amat T,Fernandez-Jimenez A,et al. Mechanical and durable bahaviour of alkaline cement mortars reinforced with polypropylene fibers［J］. Cement and Concrete Research,2003,33(12):2031-2036.

［109］ Giancaspro J W. Influence of reinforcement type on the mechanical behavior and fire response of hybrid composites and sandwich structures［D］. USA:The State University of New Jersey,New Brunswick,2004.

［110］ ZHAO Q,Nair B,Rahimian T,et al. Novel geopolymers based composites with enhanced ductility［J］. Journal of Materials Science,2007,42:3131-3137.

［111］ D P Dias,C Thaumaturgo. Fracture toughness of geopolymeric concretes reinforced with basalt fibers［J］. Cement and Concrete Composites,2005,27(1):49-54.

［112］ LI Zongjin,ZHANG Y S,ZHOU X M. Short fiber reinforced geopolymers composites manufactured by extrusion［J］. Journal of Materials in Civil Engineering,2005,17(6):624-631.

［113］ 张云升,孙伟,李宗津.PVA短纤维和粉煤灰对地聚合物基复合材料流变

学行为和弯曲性能的影响[J]. 复合材料学报,2008,25(6):166-174.

[114] ZHANG Yunshen, SUN Wei, LI Zongjin, et al. Impact properties of geopolymer based extrudates incorporated with fly ash and PVA short fiber[J]. Construction and Building Materials,2008,22(3):370-383.

[115] 张云升,孙伟,李宗津. PVA 短纤维增强粉煤灰—地聚合物基挤压复合材料的动态行为[J]. 复合材料学报,2009,26(3):147-154.

[116] 许金余,李为民,杨进勇,等. 纤维增强地质聚合物混凝土的动态力学性能[J]. 土木工程学报,2010(2):127-132.

[117] 诸华军,姚晓,王道正,等. 纤维对偏高岭土-矿渣基地聚合物的增韧改性[J]. 南京工业大学学报:自然科学版,2011,33(4):34-37.

[118] 李相国,段超群,马保国,等. 纤维对偏高岭土基地聚物开裂性能的影响[J]. 武汉理工大学学报,2013,35(6):7-12.

[119] Pinchin D J, Tabor D. Interfacial phenomena in steel fiber reinforced cement Ⅰ- Structure and strength of interfacial region[J]. Cement and Concrete Research, 1978,8(1):15-21.

[120] Ramakrishnan V, Coyle W V, Kulandaisamy V, et al. Performance characteristics of fiber reinforced concretes with low fiber contents [J]. Journal of ACI,1981,78(5):388-394.

[121] Banthia N, Mindess S, Trottier J F. Impact resistance of steel fiber reinforced concrete [J]. ACI Materials Journal,1996,93(5):472-479.

[122] CAI M,Kaiser P K,Suorineni F,et al. A study on the dynamic behavior of the Meuse/Haute-Marne argillite [J]. Physics and Chemistry of the Earth,2007,32:907-916.

[123] Bischoff P H,H Perry S. Compressive behavior of concrete at high strain rates [J]. Mater Struct,1991,24(144):425-450.

[124] Klepaczko J R, Brara A. Impact tension of concrete by spalling[Z]. ICTAM-2000,Chicago,USA,2000,No. JH5.

[125] ZHOU Min. An experimental characterization of the impact failure of mortar[Z]. ICTAM-2000,Chicago,USA,2000,No. JH6.

[126] Lok T S,Zhao P J. Impact response of steel fiber-reinforced concrete using a split Hopkinson pressure bar[J]. Journal of Materials in Civil Engineering, 2004,16(1):54-59.

[127] Frew D J,Forrestal M J,Chen W. Pulse Shaping techniques for testing

brittle materials with a split Hopkinson pressure bar[J]. Experimental Mechanics，2002，42(1)：93 – 106.

[128] Gama B A，Lopatnikov S L，Gillespie J W. Hopkinson bar experimental technique：A critical review[J]. Applied Mechanics Review，2004，57(4)：223 – 250.

[129] Lee O S，Kim S H，HAN Y H. Thickness effect of pulse shaper on dynamic stress equilibrium and dynamic deformation behavior in the polycarbonate using SHPB technique [J]. Journal of Experimental Mechanics，2006，21(1)：51 – 60.

[130] Forrestal M J，Wrightb T W，CHEN W. The effect of radial inertia on brittle samples during the split Hopkinson pressure bar test [J]. International Journal of Impact Engineering，2007，34：405 – 411.

[131] 胡时胜，王道荣. 冲击荷载下混凝土材料的动态本构关系[J]. 爆炸与冲击，2002，22(3)：242 – 246.

[132] 巫绪涛，胡时胜，陈德兴，等. 钢纤维高强混凝土冲击压缩的试验研究[J]. 爆炸与冲击，2005，25(3)：125 – 131.

[133] WANG Zhiliang，LIU Yongsheng，SHEN R F. Stress – strain relationship of steel fiber – reinforced concrete under dynamic compression [J]. Construction and Building Materials，2008，22(5)：811 – 819.

[134] 贾彬，陶俊林，李正良，等. 高温混凝土动态力学性能的 SHPB 试验研究 [J]. 兵工学报(增刊 2)，2009，30：208 – 211.

[135] 任兴涛，周听清，钟方平，等. 钢纤维活性粉末混凝土的动态力学性能[J]. 爆炸与冲击，2011，31(5)：540 – 546.

[136] 胡俊，巫绪涛，胡时胜. EPS 混凝土动态力学性能研究[J]. 振动与冲击，2011，30(7)：205 – 209.

[137] 庞宝君，王立闻，陈勇. 高温后活性粉末混凝土 SHPB 试验研究[J]. 建筑材料学报，2012，15(3)：317 – 321.

[138] 何远明，霍静思，陈柏生，等. 高温下混凝土 SHPB 动态力学性能试验研究 [J]. 工程力学，2012，29(9)：200 – 208.

[139] 许金余，刘健，李志武. 高温中与高温后混凝土的冲击力学特性[J]. 建筑材料学报，2013，16(1)：1 – 5.

[140] 苏灏扬，许金余，白二雷，等. 陶瓷纤维混凝土的抗冲击性能试验研究建筑材料学报，2013，16(2)：237 – 243.

[141] 许金余,罗鑫,吴菲,等.地质聚合物混凝土动态劈裂拉伸破坏的吸能特性 [J].空军工程大学学报:自然科学版,2013,14(5):85-88.

[142] 罗鑫,许金余,李为民.纤维增强地质聚合物混凝土早期冲击力学性能的对 比研究[J].振动与冲击,2009,28(10):163-168.

[143] 李为民,许金余.玄武岩纤维增强地质聚合物混凝土的高应变率力学行为 [J].复合材料学报,2009(2):160-164.

[144] 高志刚,许金余,白二雷.温度对地质聚合物混凝土吸能特性的影响研究 [J].混凝土,2013(3):10-13.

[145] 刘剑飞,胡时胜.用于脆性材料的 Hopkinson 压杆动态实验新方法[J].实 验力学,2001,16(3):283-290.

[146] 胡时胜,王道荣.混凝土材料动态力学性能的实验研究[J].工程力学, 2001,18(5):115-118.

[147] 胡时胜,王道荣.混凝土材料动态本构关系[J].宁波大学学报:理工版, 2000,13(12):82-86.

[148] 卢芳云,CHEN W,Frew D J.软材料的 SHPB 实验设计[J].爆炸与冲击, 2002,22(1):15-19.

[149] 徐明利,张若棋,张光莹.SHPB 实验中试件内早期应力平衡分析[J].爆炸 与冲击,2003,23(3):235-240.

[150] 孟益平,胡时胜.混凝土材料冲击压缩试验中的一些问题[J].实验力学, 2003,18(1):108-112.

[151] 胡金生,唐德高,陈向欣,等.提高大直径 SHPB 装置试验精度的方法[J]. 解放军理工大学学报:自然科学版,2003,4(1):71-74.

[152] 巫绪涛,胡时胜,孟益平.混凝土动态力学量的应变计直接测量法[J].实验 力学,2004,19(3):319-323.

[153] 巫绪涛,胡时胜,杨伯源.SHPB 技术研究混凝土动态力学性能存在的问题 和改进[J].合肥工业大学学报:自然科学版,2004,27(1):63-66.

[154] 李英雷,胡昌明,王悟.SHPB 实验数据处理的规范化问题讨论[J].爆炸与 冲击,2005,25(6):553-558.

[155] 宋力,胡时胜.SHPB 数据处理中的二波法与三波法[J].爆炸与冲击, 2005,25(4):368-373.

[156] 肖大武,胡时胜.SHPB 实验试件横截面积不匹配效应的研究[J].爆炸与 冲击,2007,27(1):87-90.

[157] 刘飞,赵凯,王肖钧,等.软材料和松散材料 SHPB 冲击压缩实验方法研究

[J].实验力学,2007,22(1):20-26.

[158] 朱珏,胡时胜,王礼立.率相关混凝土类材料 SHPB 试验的若干问题[J].工程力学,2007,24(1):78-87.

[159] 周子龙,李夕兵,岩小明.岩石 SHPB 测试中试样恒应变率变形的加载条件[J].岩石力学与工程学报,2009,28(12):2445-2452.

[160] 戴凯,刘彤,王汝恒,等.混凝土 SHPB 试验的波形整形材料研究[J].西南科技大学学报,2010,25(1):24-29.

[161] 周国才,胡时胜,付峥.用于测量材料高温动态力学性能的 SHPB 技术[J].实验力学,2010,25(1):9-14.

[162] 宫凤强,李夕兵,刘希灵.三轴 SHPB 加载下砂岩力学特性及破坏模式试验研究[J].振动与冲击,2012,31(8):29-32.

[163] Box G E P,Wilson K B. On the Experimental attainment of optimum conditions[J]. Journal of the Royal Statistical Society,Series B,1951,(13):1-45.

[164] Box G E P,Draper N R. The choice of a second order rotatable design [J]. Biometrika,1963,(50):335-352.

[165] Raymond H,Myers. Response surface methodology – current status and future directions[J]. Journal of Quality Technology,1999,31(1):30-44.

[166] Box G E P,Draper N R. A Basis for the selection of a response surface design [J]. Journal of the American Statistical Association,1959,(54):622-654.

[167] Hopkinson B. A method of measuring the pressure in the deformation of high explosivesor by the impact of bullets[J]. Mathematical,Physical and Engineering Sciences,1914,A213:437-452.

[168] Davies R M. A critical study of Hopkinson pressure bar [J]. Mathematical,Physical and Engineering Sciences,1948,A240:375-457.

[169] Kolsky H. An investigation of the mechanical properties of materials at very high rates of loading[J]. Proceeding Journal of American Physical Society,1949,B62:676-700.

[170] LUO Xin,XU Jinyu,LI Weimin,et al. Effect of alkali – activator types on the dynamic compressive deformation behavior of geopolymer concrete[J]. Materials Letters,2014,124:310-312.

[171] 李为民,许金余,沈刘军,等.玄武岩纤维混凝土的动态力学性能[J].复合

材料学报,2008,25(2):135-142.

[172] 李为民,许金余. 玄武岩纤维对混凝土的增强和增韧效应[J]. 硅酸盐学报,2008,36(4):476-481.

[173] Frew D J,Forrestal M J,CHEN W. Pulse shaping techniques for testing brittle materials with a split Hopkinson pressure bar[J]. Experimental Mechanics,2002,42(1):93-106.

[174] Li X B,Lok T S,ZHAO J,et al. Oscillation elimination in the Hopkinson bar apparatus and resultant complete dynamic stress strain curves for rocks[J]. International Journal of Rock Mechanics & Mining Sciences,2000,37(7):1055-1060.

[175] 金解放,李夕兵,钟海兵. 三维静载与循环冲击组合作用下砂岩动态力学特性研究[J]. 岩石力学与工程学报,2013,32(7):1358-1372.

[176] 刘飞,赵凯,王肖钧,等. 软材料和松散材料 SHPB 冲击压缩实验方法研究[J]. 实验力学,2007,22(1):20-26.

[177] SONG Bo,CHEN Weinong,Antoun B R,et al. Determination of early flow stress for ductile specimens at high strain rates by using a SHPB[J]. Experimental Mechanics,2007,47(5):671-679.

[178] SONG Bo,CHEN Weinong,GE Yun,et al. Dynamic and quasi-static compressive response of porcine muscle[J]. Journal of Biomechanics,2007,40(13):2999-3005.

[179] SONG Bo,CHEN Weinong,LU W Y. Mechanical characterization at intermediate strain rates for rate effects on an epoxy syntactic foam[J]. International Journal of Mechanical Sciences,2007,49(12):1336-1343.

[180] 王宝珍,胡时胜,周相荣. 不同温度下橡胶的动态力学性能及本构模型研究[J]. 实验力学,2007,22(1):1-6.

[181] LUO Xin,XU Jinyu,BAI Erlei,et al. Mechanical properties of ceramics-cement based porous material under impact loading[J]. Materials & Design 2014,55:778-784.

[182] 刘孝敏,胡时胜. 应力脉冲在变截面 SHPB 锥杆中的传播特性[J]. 爆炸与冲击,2000,20(2):110-114.

[183] Lok T S,ZHAO P J. Impact response of steel fiber-reinforced concrete using a split Hopkinson pressure bar[J]. Journal of Materials in Civil Engineering,2004,16(1):54-59.

[184] 许金余,赵德辉,范飞林.纤维混凝土的动力特性[M].西安:西北工业大学出版社,2013.

[185] 李为民,许金余,沈刘军,等.Φ100 mm SHPB应力均匀及恒应变率加载试验技术研究[J].振动与冲击,2008,27(2):129-133.

[186] LI Weimin,XU Jinyu. Mechanical properties of basalt fiber reinforced geopolymeric concrete under impact loading[J]. Materials Science and Engineering:A,2009,505(1):178-186.

[187] 白二雷,许金余,高志刚.地质聚合物混凝土的变形特性研究[J].武汉理工大学学报,2013,35(4):80-83.

[188] 王礼立.应力波基础[M].北京:国防工业出版社,2005.

[189] Frew D J,Forrestal M J,CHEN W. Pulse Shaping techniques for testing brittle materials with a split Hopkinson pressure bar[J]. Experimental Mechanics, 2002,42(1):93-106.

[190] LI Weimin,XU Jinyu. Impact characterization of basalt fiber reinforced geopolymeric concrete using a 100-mm-diameter split Hopkinson pressure bar[J]. Materials Science and Engineering:A,2009,513:145-153.

[191] Rayleigh,Lord. Theory of Sound [M]. London:Macmillan Co.,1894.

[192] 罗鑫,许金余,李为民,等.应力脉冲在SHPB实验中弥散效应的数值模拟与频谱分析[J].实验力学,2010,25(4):451-456.

[193] 左宇军,唐春安,朱万成,等.岩石类介质SHPB试验加载波形的数值分析[J].东北大学学报:自然科学版,2007,28(6):859-862.

[194] 李夕兵,古德生.岩石冲击动力学[M].长沙:中南工业大学出版社,1994.

[195] 周子龙,李夕兵,赵国彦,等.岩石类SHPB实验理想加载波形的三维数值分析[J].矿冶工程,2005,25(3):18-20.

[196] 胡广书.数字信号处理[M].北京:清华大学出版社,1997.

[197] 赵习金,卢芳云,王悟,等.入射波整形技术的实验和理论研究[J].高压物理学报,2004,18(3):231-236.

[198] Lee O S,Kim S H,Han Y H. Thickness effect of pulse shaper on dynamic stress equilibrium and dynamic deformation behavior in the polycarbonate using SHPB technique [J]. Journal of Experimental Mechanics,2006,21(1):51-60.

[199] 胡显奇,申屠年.连续玄武岩纤维在军工及民用领域的应用[J].高科技纤

维与应用.2005,30(6):7-13.

[200] 陈阳.一种新型矿物棉材料—连续玄武岩纤维[J].保温材料与节能技术, 1999,(3):18-21.

[201] 石钱华.国外连续玄武岩纤维的发展及其应用[J].玻璃纤维,2003,(4): 27-31.

[202] 齐风杰,李锦文,李传校,等.连续玄武岩纤维研究综述[J].高科技纤维与 应用,2006,(4):42-46.

[203] 雷静,党新安,李建军.玄武岩纤维的性能应用及最新进展[J].化工新型材 料,2007,35(3):9-11.

[204] 王岚,李振伟.制造玄武岩纤维用铂金漏板[P].CN Patent,00219989.0, 2001.02.2.

[205] 谢尔盖,李中郢.连续玄武岩纤维材料的应用前景[J].纤维复合材料, 2003,(3):17-20.

[206] 刘柏森,斯维特兰娜,何建生,等.生产连续玄武岩纤维的池窑[P].CN Patent,200420049522.2,2005.04.06.

[207] 闫全英.玄武岩纤维制备的热工机理和材料研究[D].哈尔滨:哈尔滨工业 大学,2000.

[208] 闫全英,谈和平.玄武岩纤维成型区黏性流动过程的数值模拟[J].哈尔滨 工业大学学报.2002,34:49-53.

[209] 胡琳娜.玄武岩纤维复合型体材料及降解机理研究[D].河北:河北工业大 学,2003.

[210] 胡显奇,陈绍杰.世界复合材料的发展趋势以及连续玄武岩纤维的发展商 机[J].高科技纤维与应用,2005,30(3):9-12.

[211] 张燕,田凤.玄武岩连续纤维的性能与应用[J].中国个体防护装备,2006, (6):13-15.

[212] 崔毅华.玄武岩连续纤维的基本特性[J].纺织学报,2005,26(5):120-12.

[213] Dias D P,Thaumaturgo C. Fracture toughness of geopolymeric concretes reinforced with basalt fibers[J]. Cement and concrete composites. 2005, 27 (1):49-54.

[214] Berndt M L,Philippacopoulos A J. Incorporation of fibres in geothermal well cements[J]. Geothermics 2002,31(6):643-656.

[215] Zielinski, Krzysztof, Olszewski, et al. The impact of basaltic fibre on

selected physical and mechanical properties of cement mortar [J]. Concrete Precasting Plant and Technology,2005:28 - 33.

[216] 胡显奇,董国义,鄢宏.武岩纤维在建筑和基础设施中的应用[J].工业建筑, 2004(增刊):21 - 26.

[217] 吴刚,胡显奇,蒋剑彪,等.玄武岩纤维及其增强混凝土力学性能及应用研究.第四届全国 FRP 应用技术学术交流会.2006.

[218] 国家混凝土制品质量监督检验中心.连续玄武岩纤维混凝土性能试验检测报告[R].(委)字纤维类(2006)第 20 号,苏州,2006.

[219] 姚立宁,施斌,何军拥,等.玄武岩连续纤维混凝土动力性能的试验研究.第四届全国 FRP 应用技术学术交流会. 2006.

[220] 廉杰,杨勇新,杨萌,等.短切玄武岩纤维增强混凝土力学性能的试验研究[J].工业建筑,2007,37(6):8 - 10.

[221] 贺东青,卢哲安.短切玄武岩纤维混凝土的力学性能试验研究[J].河南大学学报:自然科学版,2009,39(3):320 - 322.

[222] 邓宗才,薛会青.玄武岩纤维混凝土的抗弯冲击性能[J].建筑科学与工程学报,2009,26(1):80 - 83.

[223] 杨帆,卢哲安,颜岩,等.玄武岩纤维增强水泥基材料的物理力学性能试验研究[J].混凝土,2010,(4):51 - 53.

[224] 徐勇,张耀君,王亚超,等.玄武岩纤维增韧三元地聚合物的制备[J].化工新型材料,2011,39(11):128 - 130.

[225] 何军拥,田承宇,吴永明.玄武岩纤维混凝土的动力冲击性能试验研究[J].福建建材,2011,6:15 - 16.

[226] 彭苗,黄浩雄,廖清河,等.玄武岩纤维混凝土基本力学性能试验研究[J].混凝土,2012,1:74 - 75.

[227] 陈峰,陈欣.玄武岩纤维高性能混凝土力学性能正交试验研究[J].土木工程与管理学报,2013,30(2):6 - 10.

[228] 许金余,李为民,黄小明,等.冲击荷载作用下玄武岩纤维增强地质聚合物混凝土的变形特性[J].硅酸盐学报,2009,37(7):1137 - 1141.

[229] 许金余,苏灏扬,白二雷,等.玄武岩纤维地聚物混凝土的高温动态力学特性[J].华北水利水电学院学报,2013,33(6):14 - 17.

[230] 许金余,李为民,黄小明,等.玄武岩纤维增强地质聚合物混凝土的动态本构模型[J].工程力学,2010,4(27):111 - 116.

［231］ 许金余,范飞林,白二雷. 玄武岩纤维混凝土的动态力学性能研究［J］. 地下空间与工程学报,2010,6(增刊2):1665 – 1671.

［232］ 余同希,卢国兴. 材料与结构的能量吸收:耐撞性、包装、安全防护［M］. 华云龙,译. 北京:化学工业出版社,2005.

［233］ Ross C A,Tedesco J W,Kuennen S T. Effects of strain – rate on concrete strength ［J］. ACI Mater J,1995,92(1):37 – 47.

［234］ Ross C A,Jerome D M,Tedesco J W,et al. Moisture and strain rate effects on concrete strength［J］. ACI Mater J,1996,93(3):293 – 300.

［235］ Bracc W F,Joncs A H. Comparison of uniaxial deformation in shock and static loading of three rocks ［J］. Geophysical Research,1971,76(20):4913 – 4921.

［236］ Janach W. The rule of bulking in brittle failure under rapid compression ［J］. International Journal of Rock Mechanical and Mining Science,1976,13(6): 177 – 186.

［237］ LI Q M,Meng H. About the dynamic strength enhancement of concrete – like materials in a split Hopkinson pressure bar test［J］. International Journal of Solids and Structures,2003,40(2):343 – 360.

［238］ 张其颖,赵慧卿. 碳纤维对超细水泥基体的增强作用［J］. 新型碳材料,1995,(4):34 – 35.

［239］ 姚武. 高性能机敏混凝土的研究［A］. 新世纪海峡两岸高性能混凝土与应用学术会议论文集［C］. 上海:同济大学出版社,2002.

［240］ 张其颖. 碳纤维增强水泥混凝土复合材料的研究与应用［J］. 纤维复合材料,2001,(2):49 – 50.

［241］ 张宏祥,江阿兰. 碳纤维材料加固桥梁的构新技术［J］. 森林工程,2001,17(4):56 – 59.

［242］ 张其颖. 碳纤维增强水泥发展概况［J］. 纤维复合材料,1995,(3):30 – 50.

［243］ 冈本直. 用于土木建筑的纤维强化复合材料［J］. 纤维机械学会志,1996,(8):21 – 28.

［244］ 贺福,王茂章. 碳纤维及其复合材料［M］. 科学出版社,1995.

［245］ 张其颖,赵慧卿. 碳纤维对超细水泥基体的增强作用［J］. 新型碳材料,1995,(4):34 – 35.

［246］ 张其颖. 碳纤维增强水泥混凝土复合材料的研究与应用［J］. 纤维复合材

料,2001,(2):49-50.

[247] 郭全贵,岳秀珍,李安邦.单丝拔出实验表征碳纤维增强水泥复合材料的界面[J].纤维复合材料,1995,(3):42-46.

[248] 王秀峰,王永兰,金志浩.碳纤维增强水泥复合材料的制备及性能[J].西安交通大学学报,1997,(3):108-112.

[249] 丁庆军,李悦,胡曙光.表面改性碳纤维增强 MDF 水泥及其机理研究[J].武汉工业大学学报,1998,(2):2-4.

[250] 邓宗才,钱在兹.短碳纤维混凝土低周期疲劳断裂特性的试验研究[J].水利学报,2000,(9):37-42.

[251] 周梅,曹启昆,宋琨.短碳纤维增强高性能混凝土的均匀试验研究[J].混凝土,2004,(10):35-37.

[252] 周梅,刘海卿,曹启坤.短碳纤维增强高性能混凝土的性能和机理研究[J].应用基础与工程科学学报,2004,12(1):41-48.

[253] 柯开展,周瑞忠.短切碳纤维活性粉末混凝土最佳配合比试验研究[J].福州大学报:自然科学版,2006,8(4):560-566.

[254] 杨雨山,石建军,黄志刚.碳纤维增强轻骨料混凝土的试验研究[J].混凝土与水泥制品,2007,1(2):46-48.

[255] 杜向琴,娄宗科.碳纤维混凝土路面的力学性能[J].混凝土,2007,(5):22-26.

[256] 何建,石建军,杨建明.碳纤维增强轻骨料(陶粒)混凝土的单轴力学性能和断裂机理[J].邵阳学院学报:自然科学版,2007,3(4):78-81.

[257] 翟毅,许金余.碳纤维混凝土动态压缩力学性能的试验研究[J].混凝土,2008,(5):16-21.

[258] 高向玲,李杰.添加不同纤维的高性能混凝土力学性能试验[J].建筑科学与工程学报,2008,(1):58-61.

[259] 狄生奎,曹辉.低温下碳纤维混凝土的试验研究[J].低温建筑技术,2009,9:6-7.

[260] 张彭成,康青,周俊龙,等.高掺量碳纤维增强活性粉末混凝土力学性能实验[J].后勤工程学院学报,2009,25(4):21-24.

[261] 吴菁,文斌.碳纤维混凝土单丝拔出实验的扫描电镜观察[J].科技创新导报,2009,18:6-7.

[262] 任彦华,程赫明,何天淳,等.碳纤维混凝土的力学性能试验研究[J].云南农业大学学报,2010,25(5):697-699.

[263] 徐丽丽,申向东.碳纤维轻骨料混凝土抗压性能试验研究[J].混凝土,2011,3:67-68.

[264] 许金余,李为民,范飞林,等.碳纤维增强地聚合物混凝土的 SHPB 试验研究[J].建筑材料学报,2011,13(4):435-440.

[265] 白二雷,许金余,高志刚.冲击荷载作用下碳纤维增强地质聚合物混凝土的动态本构模型[C].第十届全国冲击动力学学术会议论文摘要集.2011.

[266] 周乐,王晓初,刘洪涛.碳纤维混凝土力学性能与破坏形态试验研究[J].工程力学,2013,30(增刊):226-231.

[267] CHEN Pu-Woei, CHUNG D D L. Concrete reinforced with up to 0.2 vol. % of short Carbon Fibers Composites[J]. Cement and Concrete Research,1993,24(1):33-52.

[268] CHEN Pu-Woei,CHUNG D D L. Carbon fiber reinforced concrete as an instrinsically smart concrete for damage assessment during loading[J]. Journal of Ceramics Society,1995,78(3):816-818.

[269] FU X,CHUNG D D L. Radio wave reflecting concrete for the lateral guidance in automatic highways[J]. Cement and Concrete Research,1998,28(6):795-801.

[270] WEN Sihai,CHUNG D D L,Carbon fiber-reinforce cement as a thermistor[J]. Cement and Concrete Research,1999,29(6):961-965.

[271] CHUNG D D L,Cement reinforced with short carbon fibers: a multifunctional material[J]. Composites Part B:Engineering,2000,31(6-7):511-526.

[272] WEN Sihai. CHUNG D D L. Uniaxial tension in carbon fiber-reinforce cement sensed by electrical resistivity measurement in longitudinal and transverse directions[J]. Cement and Concrete Research,2000,30(8):1289-1294.

[273] Chung D D L. Composites get smart[J]. Materials Today,2002,5(1):30-35.

[274] 张其颖.碳纤维增强水泥发展概况[J].纤维复合材料,1995,(3):30-50.

[275] Mabmoud M,Nidel G. Enhancing fracture toughness of high performance carbon fiber cement composites[J]. ACI Materials,2001,98(2):168-178.

[276]　陶俊林,田常津,陈裕泽. SHPB 系统试件恒应变率加载试验方法研究[J]. 爆炸与冲击,2004,24(5):413－418.

[277]　严少华,钱七虎,孙伟. 钢纤维高强混凝土单轴压缩下应力应变关系[J]. 东南大学学报:自然科学版,2001,31(2):77－80.

[278]　Rossi P. Influence of cracking in the presence of free water on the mechanical behavior of concrete[J]. Magazine of Concrete Research, 1991,(43):53－57.

[279]　Rossi P,van Mier J G M,Boulay C,et al. The dynamic behavior of concrete:influence of free water[J]. Materials and Structures, 1992, (25):509－514.

[280]　Rossi P,van Mier J G M,Toutlemonde F,et al. Effect of loading rate on the strength of concrete subjected to uniaxial tension[J]. Materials and Structures, 1994,27 (5):260－264.

[281]　Bischoff P H,Peny S H. Impact behavior of plain concrete loaded in uniaxial compression[J]. Journal of Engineering Mechanics Division, ASCE,1995,121(6):685－693.

[282]　Eibl J,Schmidt－Hurtienne B. Stress rate sensitive constitutive law for concrete[J]. Journal of Engineering Mechanics,ASCE,1999,125(12): 1411－1420.

[283]　ZHENG S,Combe U H,Eibl J. New approach to strain rate sensitivity of concrete in compression[J]. Journal of Engineering Mechanics,ASCE, 1999,125(12):1403－1410.

[284]　Mohamed Maalej,LI Victor C. Members,Toshiyaki Hasihida. Effect of fiber rupture on tension properties of short fiber composites[J]. 1995, 121(8):903－913.

[285]　Holmquist T J,Johnson G R. A computational constitutive model for concrete subjected to large strains,high strain rates,and high pressures [A]. 14th International Symposium on Ballistics [C],Quebec,Canada, 1993:591－600.

[286]　曹菊珍,周淑荣,李恩征. 材料的本构关系在数值计算中的作用[J]. 兵工学报,1998,19(1):69－72.

[287]　陈书宇. 一种混凝土损伤模型和数值方法[J]. 爆炸与冲击,1998,18(4):

349 - 357.

[288] 曹菊珍,李恩征,王政.高速碰撞中有关混凝土与沙岩的破损问题的数值研究[J].计算物理,2002,19(2):137 - 141.

[289] 宋顺成,才鸿年.弹丸侵彻混凝土的 SPH 算法[J].爆炸与冲击,2003,23(1):56 - 60.

[290] Forrestal M J,Luk V K,Watts H A. Penetration of reinforced concrete with ogive - nose penetrators [J]. International Journal of Solids and Structures,1988,24(1):77 - 87.

[291] 孙宇新.混凝土抗贯穿问题研究[D].中国科技大学,2002.

[292] 施绍裘,王永忠,王礼立.国产 C30 混凝土考虑率型微损伤演化的改进 Johnson - Cook 强度模型[J].岩石力学与工程学报,2006,25(增 1):3250 -3257.

[293] Riede W. Beton unter dynamischen lasten meso - und makromechanische modelle und ihre patameter[D]. Freiburg,Germany:PhD Thesis,Ermst - Mach - Institute, 2000.

[294] Heider N,Hiermaier S. Numerical simulation of tandem warheads[A]. 19th International Symposium on Ballistics[C]. Interlaken,Switzerland, 2001:1493 - 1499.

[295] Malvar L J,Crawford J E,Wesevich J W. A plasticity concrete material model for DYNA 3D [J]. International Journal of Impact Engineering, 1997,19(9):847 - 873.

[296] Agardh L, Laine L. 3D FE - simulation of high - velocity fragment perforation of reinforced concrete slabs [J]. International Journal of Impact Engineering, 1999, 22(9 - 10):911 - 922.

[297] 曹德青.钢筋混凝土侵彻问题数值计算[D].北京理工大学,2001.

[298] 唐志平,田兰桥,朱兆祥.高应变率下环氧树脂的力学性能研究[A].第二届全国爆炸与冲击力学学术会议论文集[C].扬州,1981:4 - 12.

[299] 唐春安.岩石破裂过程中的灾变[M].北京:煤炭工业出版社,1993:11 - 30.

[300] 白晨光.岩石材料初始缺陷的分维数与损伤演化的关系[J].矿冶 1996,5(4):17 - 19.

[301] 王礼立,陈江瑛.材料微损伤在高速变形过程中的演化及其对率型本构关

系的影响[J]. 宁波大学学报,1996,9(3):47-55.

[302] Cook D J,Chindaprasirt P. Influence of loading history upon the tensile properties of oncrete[J]. Mag. Concrete Res,1981,33:154-160.

[303] 吴政,张承娟. 单向载荷作用下岩石损伤模型及其力学特性研究[J]. 岩石力学与工程学报,1996,15(1):55-61.

[304] 徐卫亚,韦立德. 岩石损伤统计本构模型研究[J]. 岩石力学与工程学报,2002,21(6):787-791.

[305] 李兆霞. 损伤力学及其应用[M]. 北京:科学出版社,2002.